大樂文化

大樂文化

大樂文化

爆品印鈔機

從市場底層突圍的

爆品管理實戰家 **尹杰**◎著

洞察顧客意圖，讓產品具有爆品基因，
產生尖叫效應，從此銷售變簡單

目次

前言 如何從競爭中突圍？教你一套科學方法打造爆品 007

第1課 想成為賺錢爆品師，得先學會3個基本功 017

01 爆品不是靠運氣，實踐3個觀念才能風靡市場 018

02 了解爆品的成功基因，更要當心2大危險誤區 025

03 爆品怎麼誕生？不僅開發新產品，還從舊產品篩選 035

第2課
洞察顧客真正意圖，活用3方法與4模型 043

01【定量研究法】透過問卷調查和大數據分析，掌握需求抓住商機 044

02【定性研究法】用訪談、消費者輪廓等找出痛點，破解不買的7個心理 055

03【場景洞察法】觀察購買、應用及領先使用者，剖析消費動機 076

04【分析模型】實戰常操作4種模型，從企業內外挖掘爆品機會 081

第3課

開發爆品有5面向，讓產品變成億萬印鈔機 097

01【5種思維】思路定出路，從核心功能、產品整體層次等模式 098

02【4項原則】順應趨勢、當第一或唯一……，就能從競品中勝出 116

03【3個根基】為了讓產品具備爆品體質，必須打穩哪些基礎？ 123

04【8項要素】服務、差異化、行銷……沒做好，企業會陷入價格戰 129

05【6個階段】技術和行銷語言相輔相成，使開發流程更有效率 135

第4課

爆品需要推陳出新，該做什麼&不該做什麼？

149

01 高手的靈感從哪來？全民痛點、習慣變化、新技術……150

02 爆品創新有10種方法，首先得注意一個關鍵數字！161

03 點子行得通嗎？依據5個條件，檢視創意是否有效 184

04 小心別掉進陷阱！除了偽需求、華而不實，還有7個 193

05 為了提升爆品成功率，你要確認這些環節是否達成 207

附錄一 爆品開發立案表 215

附錄二 爆品開發管理專案報告 217

前言

如何從競爭中突圍？教你一套科學方法打造爆品

為什麼企業賺錢越來越難？

在為企業做管理諮詢的過程中，我經常被問到：「為什麼現在企業越來越難賺錢？」每次我都會反問：「你們經營公司那麼多年，有沒有想過這個問題？」

企業賺錢難的原因，不單單是市場環境改變，更重要的是供需結構變化。過去產品稀缺，市場存量空間很大，只要有產品就能賣掉。隨著經濟快速發展，各個產業都出現不同程度的產能過剩，再加上人口紅利慢慢消失，流量變得越來越貴，於是企業競爭越來越激烈，最終陷入價格戰、促銷戰、賒銷戰及服務戰的泥淖。

◎價格戰

很多企業已經變成價格屠夫，動不動就打價格戰，好像沒有別的行銷策略。價格戰讓企業走上一條不歸路，依賴價格戰的結果就是纏死對手、坑死顧客、虧死自己。從現實面來看，價格戰不能幫助企業走出困境。

產品不好賣，不一定要降價，更好的選擇是「產品升級」。企業把產品品質做得更好，提升等級再拉高價格，才有利潤做出更好的產品，提供更優質的服務。未來進入消費升級時代，產品升級是大趨勢，唯有提升產品價值，才可能提高價格。

◎促銷戰

當市場競爭越來越激烈，很多企業養成促銷依賴症，連帶讓顧客養成等待促銷的消費習慣，最後導致「不促不銷」。有些零售企業每個月都有固定的促銷日，擺明告訴顧客平時不要光顧，等促銷日再來，所以平常店裡幾乎沒人，促銷那天就爆滿。促銷結束後盤點，賺的利潤九牛一毛，等於白忙一場。

賒銷戰

我在諮詢中發現，很多企業靠賒銷拉攏客戶，尤其農用物資業，幾乎都等客戶賣出農產品才收款，結果忙了一年賺到一堆借據。其實，賒銷是企業沒有自信的表現，當大家都在為賒銷頭痛時，格力、茅台的財務報表上卻有大量的應付賬款，這就是大企業做生意的底氣。

我有一次幫美的集團做市場調查時，發現家電業的競爭激烈，而且行業集中度很高，但龍頭老大不僅不提供賒銷，反而先收預付款。

服務戰

有些企業的服務意識過高，陷入服務成癮的怪現象，甚至無底限地提供服務，還打著冠冕堂皇的口號：「讓客戶一〇〇%滿意。」

服務成癮只說明一件事，就是企業想透過服務來彌補產品缺陷。舉例來說，某個著名家電企業曾提出五星級服務的口號，因為當時他們的技術不夠好，只能靠服務補償顧客。等到技術禁得起考驗、產品品質提高後，他們的口號就改為科技創新。我不是反對企業提供服務，只是提醒企業家要改變思維，**把服務當作提升附加價值的工具，而不是產品補丁**，這在本質上有所區別。

想擺脫企業經營的惡性循環，提升獲利能力，避開價格戰、促銷戰、賒銷戰、服務戰的路徑，就要走上爆品這條路。無論商業情勢如何發展，產品都是企業經營的基礎，產品做不好，一切都是空談。

我經常對企業家說：「產品不對，行銷白費，行銷是產品的放大鏡。」若產品不夠好，行銷模式站不住腳，反而行銷模式的效率越高，越會放大產品缺陷，帶給企業的潛在風險也越大。因此，**以爆品為槓桿來撬動行銷的價值鏈，才是行銷的王道**。

為什麼企業要做爆品？

很多企業做不出爆品，不是因為缺乏能力，而是缺乏做爆品的意識。傳統的經營思維是追求產品多而全，認為產品越多、陳列越豐富，面對顧客的能見度就越高，若銷售做不好就加產品，若產品賣不好就加功能。所以，很多企業沒有做爆品的意識，也看不到做爆品的價值。

如今，商業進入萬物互聯的時代，商業策略必須跟著改變。以微軟為例，他們從家用電腦作業系統起家，造就微軟帝國。據說，在某次世界電腦大會上，創辦人比爾·蓋茨站在台上問：「在座有沒有人不用微軟的軟體？」結果台下鴉雀無聲，代表沒有人不用。世界上第一款家用電腦作業系統，就是微軟的爆品，支撐微軟持續走向成功。

在2G、3G時代，美國高通公司開發出CDMA晶片，全世界的手機廠商都需要這項技術。據說，當年高通總部大樓立著一塊廣告牌，上面寫著：「世界上每一部手機都有我們的發明！」每一家用到CDMA技術的廠商，每賣出一支手機，都要給高通二%至五%的專利費，俗稱「高通稅」。高通能用CDMA技術剪全世界的羊毛，正是因為有強大產品，才有底氣自豪。

北京大學教授陳春花曾提出這樣的研究命題：「究竟是什麼原因，讓企業無法成為產業鏈的布局者和主導者，只能在競爭中苦苦掙扎？」根據她的研究結果，核心關鍵是缺乏好產品，而她所說的好產品就是我們今天所說的爆品。任何行銷方法若不以好產品為基礎，都無法持久，因此開發爆品是企業在競爭中勝出的基本前提，是企業持續發展的保障。

有句話說：「一個產品成就一個產業，一個產業強大一個民族。」湯瑪斯・愛迪生發明電燈，照亮全世界，他創立的GE（又稱為奇異或通用電氣）曾一度成為全球市值最高的公司，巔峰時期高達四千億美元。高登・摩爾（Gordon Moore）發現摩爾定律，成就全球最大的晶片公司英特爾。卡爾・賓士（Karl Friedrich Benz）發明內燃機，創立賓士汽車公司，也成就德國汽車工業。

還有，瑞士的銀行和鐘錶產業，是瑞士的名片。瑞典的利樂公司開發出利樂包，要求所有合作夥伴在使用這種包裝時，都要印上利樂的標誌。這些例子都展現了爆品的價值所在。

◎爆品帶來6大競爭優勢

根據多年的管理諮詢經驗，我發現企業擁有爆品會帶來很多競爭優勢，包括：

- **定價優勢**：爆品讓企業擁有定價權，而且提高價格也不會丟失顧客。
- **成本優勢**：企業能利用經濟規模降低固定成本，從而獲得成本優勢。
- **通路優勢**：爆品有利於掌控銷售通路，並整合產業鏈的上下游資源。
- **提升品牌影響力**：爆品是品牌的載體，有利於打造品牌，提升企業的地位。
- **提升獲利能力**：爆品可以最大化貢獻企業利潤。
- **促進行銷模式升級**：很多企業都是在早期基於一個爆品的成功運作，沉澱出行銷模式。

GE的前CEO傑克・威爾許曾表示，不管過去或將來，在行銷中最重要、最基本的，都是一個能改善人們生活的好產品。一九九七年史蒂夫・賈伯斯重返蘋果公司時，第一次開會就強調，當產品部門不再是推動公司前進的力量，而是由銷售部門推動公司前進時，這種情況最危險。

然而，很多企業反其道而行，做出不倫不類的產品扔給銷售部門，賣不掉就說銷售部門無能。事實上，如果銷量上不去，應該先檢討產品，因為產品是為銷售部門賦能的工具。戰場上再能打的士兵也需要好武器，拿紅纓槍根本打不過機關槍。

一個明星產品能推動企業策略升級，使企業持續獲利，甚至推動產業升級。但是，很多企業苦於缺乏科學化、系統化的產品開發方法，導致失敗率居高不下，尤其中小企業容易陷入閉門造車的產品開發模式。

我在將近二十年的管理實踐與諮詢工作中，看過各類大型、中型企業因為缺乏爆品而陷入經營困局，失去業績成長的動力。根據企業面臨的實際困境，我總結自己十多年在產品管理領域的實務經驗與理論研究，歷時五年琢磨寫出這本書，內容既有原創理論，又有可實踐的策略方法，從創造理念、洞察使用者需求和痛點、開發爆品、創新爆品等幾個方面，闡述爆品的管理模式。

在企業擔任專業經理與從事管理諮詢的生涯，讓我累積豐富的產品管理經驗，成為寫作本書的豐富素材。書中涉及的原創理論源自我的工作心得，經過實踐檢驗確認有效。書中引用的大量案例，大多數來自我曾工作的地方和親自參與的專案，能保證案例剖析有血有肉，讓讀者從中獲得啟發。

我能夠完成本書，首先要感謝妻子羅紅勤，在我寫作的過程中，她默默承擔一切家庭重任。如果沒有妻子的理解和支持，或許我無法如期完成本書。也感謝姐姐尹永連，在寫作期間對我的支持。最後，感謝北京盛世卓傑的王景先生，以及中國經濟出版社編輯，在寫作和出版過程中給予諸多幫助。

第 1 課

想成為賺錢爆品師，得先學會3個基本功

01

爆品不是靠運氣，實踐3個觀念才能風靡市場

企業做不出爆品，往往是出於兩個因素：一是缺乏爆品意識，二是缺乏科學方法。先有思想，才有行動，在解決某個問題之前，必須先意識到問題的存在。因此，企業必須先意識到爆品的問題，改正做爆品的觀念，在行動上才會有結果。

觀念1：打造爆品需要一套科學方法

很多企業在開發新產品時，缺乏一套科學方法，這在民營企業尤其常見，導致開發爆品的失敗率非常高。

我曾做過一個諮詢案例：有一次，某老闆在吃飯時突然生出一個想法，覺得這個創意很不錯，於是打電話問研發人員做不做得出來。研發人員聽到老闆提出的想法，不加思索就拍著胸脯說：「老闆放心，這個沒問題！」

接下任務後，研發人員閉門造車，做出一個不倫不類的產品，然後交給銷售部門。銷售人員沒得選擇，只能想方設法販賣產品。最後，產品賣不出去，銷售人員拿不到獎金，只能拍拍屁股走人。

這個例子是很多企業做產品的模式：老闆拍腦袋，研發拍胸脯，銷售拍屁股。其實，打造爆品的背後有一套邏輯和科學方法，而且這套理論並不高深，人人學得會、用得上。

觀念2：不只是老闆的事，人人都是爆品師

除了運用科學方法，做爆品還需要一個非常重要的認知：開發爆品不只是老闆的事，人人都是爆品師。

我提供諮詢時，經常聽到人們說：「現在產品經理的壓力好大，做不出爆品被說無能，爆品失敗就要揹黑鍋。」但是我反過來問，開發產品是誰的工作？

我曾做過一個專題研究，發現民營企業中，八五％的產品經理都是由老闆兼任，新品開發都是老闆帶頭做，缺乏產品經理的管理機制。老闆操著產品經理的心，忙著產品經理的事，是很奇怪的現象，結果老闆天天忙得飯吃不香、覺睡不好，產品失敗也是老闆承擔責任。

其實，正確的爆品開發機制是研、產、供、銷都參與，人人都是產品經理，尤其第一線員工更為重要。

很多企業的爆品創意往往來自第一線員工，而不是老闆或高層，因為第一線員工

最貼近產品體驗，最接近第一線使用者，也最先聽到顧客回饋。相較之下，老闆要管理很多經營層面的事，不可能天天與顧客打交道，即使老闆親自徵求意見，顧客通常「報喜不報憂」，不會說實話。

廣為人知的微信，使用者超過十二．六億人，每日活躍使用者也有上億。事實上，微信剛剛推出時，微信支付的流量少得可憐，直到後來開發出搶紅包功能，才打通微信支付的流量入口。

大家知道搶紅包功能是誰想到的嗎？不是創辦人張小龍，也不是大老闆馬化騰，而是一個普通的程式設計師。這位程式設計師在過年時，煩惱紅包發多了會沒錢，發少了會沒面子。如何做到既發錢，又不丟面子呢？最後，他做出電子紅包功能，先在辦公室裡試行搶紅包遊戲，大家覺得很好玩，於是將這個遊戲加入微信功能中。

去過宜家家居（IKEA）的人，一定對他們的DIY家具印象深刻。DIY模式是宜家家居的產品策略，能讓顧客有參與感，並體會該公司的創新。DIY策略是誰想出來的呢？答案是宜家家居的一名送貨員。

有一次，這名送貨員載送一張桌子，他發現桌腳太長了，想方設法都裝不進配送箱，無奈之下只好拆下桌腳，等到送達顧客家裡再裝上。這個經驗讓他深受啟發，發現可拆卸的家具相當方便運送，於是將想法回饋給公司，後來這種DIY家具成為宜家家居的產品策略。

我在擔任產品經理期間也遇到類似狀況，有些我認為難以解決的問題，對第一線員工來說只是常識，這就是隔行如隔山的道理。

> 有一年春節，公司推出春節促銷組，為了包裝組合，我和總經理想了三個月，嘗試各種固定方法都無法達到理想狀態。我實在沒辦法，就跑去車間看看它的生產原理。
>
> 當我蹲在車間觀察時，一個包裝工人走過來關切，我把苦惱說給他聽。他聽完後建議：「可以改變包裝內部的產品擺放方式。」他怕我聽不懂，馬上做出一個示範樣品，這個簡單的改進竟然完美解決我的苦惱。

這件事給我很大的啟發：其實換個思維方式就有解答，每個人在他熟悉的領域裡都是專家。我在企業擔任管理職時，一直提倡人人都是產品經理，以及第一線員工的重要性。從生產工人到銷售人員，他們的意見才是真正的產品原點。華為提倡的「讓聽得見炮聲的人指揮戰鬥」，也是這個道理。

觀念3：爆品來自追求極致的工匠精神

做產品要有追求極致的工匠精神，把產品打造到極致境界。很多人往往做到七十分便覺得完美，若再對自己要求高一點，做到八十分就算是超級完美，其實這是缺乏追求極致的心態。

日本的壽司之神小野二郎，一生只做一件事，就是把壽司捏好。很多總統、政要造訪日本，都會到小野二郎的壽司店品嚐手藝。有這麼好的產品，小野二郎卻只開兩家店，一家由自己管，另一家交給兒子管。原因是他擔心店開多了，無法妥善管控產品品質。

這就是工匠精神，老闆沒有因為生意好，馬上想著如何開連鎖店擴大規模、如何上市融資賺更多錢。這是我們需要反思的地方。

02 了解爆品的成功基因，更要當心2大危險誤區

爆品就是銷量處於業內領先地位，能影響企業發展和產業升級的產品，比方說，在網路產業，具有引流作用且銷售規模較大的產品，就稱為網路爆品。

爆品也可以理解為大單品，產品要少而精，不是多而庸。做產品就像養孩子，不是追求多子多福，而是優生優育。

蘋果把傳統手機帶入智慧時代，福特把交通工具從馬車帶入汽車時代，青黴素的發明讓醫生告別用消毒水處理傷口的時代。據說，在第一次世界大戰期間，很多美國大兵的死因不是戰死沙場，而是受傷後沒有確實消毒，導致傷口感染。後來，亞歷山大．弗萊明（Alexander Fleming）發現青黴素，才解決外傷感染的問題。

基因優良的爆品有2大特徵

根據多年經驗，我發現成功的產品都具備兩大特徵：先天優勢和後天養成。

◎先天優勢：擁有3種價值

不是所有產品都能培養成爆品，想成為爆品，首先要具備優良基因，具體表現在三個方面。一是功能要實用，即使用價值，能幫助使用者解決實際問題，或消除某種痛點。二是體驗要有趣，即娛樂價值，能帶給使用者不同於一般的體驗。三是具有不可替代或不可模仿的特點，即稀缺價值。這三種價值構成產品先天的成功基因。

◎後天養成：厚積而薄發

爆品有自己的生命週期，上市後往往需要培育，經過知名度（讓顧客知道）、美譽度（人見人愛）、忠誠度等階段，不能操之過急。如果節奏踩得準，培育過程可以適當縮短，最終能與顧客產生共鳴，獲得他們的青睞。

網路模式與傳統模式的培育方法有些差別。傳統模式是按照知名度→美譽度→忠誠度來操作，也就是先打電視廣告，提升產品知名度，然後進行線下鋪貨，如果產品的性價比高，就會慢慢累積出顧客忠誠度。

網路模式則相反，先經營顧客忠誠度，做好口碑就有美譽度，自然也就有知名度。所以，在互聯網時代，如果產品有缺陷，一定不要投放廣告，因為知道的人越多，產品死得越快。

爆品基因的好壞還可以從三件事來判斷：高顏值、高品質、好故事。互聯網時代也是顏值時代，年輕人的購物習慣是先看產品外觀，是否符合自己的審美觀，若外觀不夠好，品質再好也沒有吸引力。當然，光有顏值是不夠的，還要考慮品質，確保產品的使用價值。

好故事能增加互動話題，提升討論熱度與產品附加價值。故事也代表文化，滿足消費者的心理需求，就像古董本身的使用價值可能不高，顧客之所以購買，是看中古董背後的故事。江小白的酒走青春文化路線，李渡酒走歷史文化路線，強調元代窖池，這些都是利用故事因素的例子。

從自身條件決定要發展哪一種爆品

企業開發產品要結合自身條件，找到適合的路徑或模式。根據對資源的要求，我將爆品歸納為兩種類型：

- **區域性爆品**：企業在自己有競爭優勢的特定區域開發爆品，最終在該區域取得市場領先地位。適合資源有限、吃不下全國市場的企業。對中小企業來說，這是不錯的選擇。
- **行業性爆品**：企業根據自身優勢，在某個特定行業開發爆品，最終在該行業取得領先地位。適合資本雄厚、經營全國市場的企業。

區域性爆品不一定是行業性爆品，因為有些企業具有區域優勢，然而隨著市場範圍擴大，競爭優勢逐步衰減，一旦放到全國市場，在整體行業中不一定具備競爭優勢。另一方面，行業性爆品不一定在每個區域市場，都居於領先地位，因為有些區域存在地方性優勢企業，行業性爆品只是在大部分市場中領先。

不論追求區域第一或行業第一，開發產品都必須往第一名的目標努力。沒有爭第一的心，就不會有當第一的命。至於要採取區域性或行業性爆品策略，應根據行業特徵、企業的資源能力而定。

如果企業資源有限，原則上要採取區域性爆品策略，先培育利基市場，再逐步向外發展，最後從區域性爆品發展為行業性爆品。管理學家麥可．波特（Michael E. Porter）在《競爭策略》中提到，公司所在地的環境是獲得競爭優勢的來源，儘管現代企業布局全國市場，但競爭往往在一至二個核心區域內展開。

符合4前提，開發爆品才不會白燒錢

以下四點是將產品做成爆品的基本前提，如果不能符合這些條件，企業開發產品就只是在燒錢。

- **具有海量需求**：有足夠大的需求才能做大市場規模，有足夠大的市場規模才能培育出大爆品。企業可以從客群廣泛度和消費頻率，來判斷一個產品是否具備海量需求。
- **具備引流功能**：爆品能快速引爆銷量，為其他產品帶進流量。在產品組合中，爆品發揮火車頭的作用。
- **生命週期夠長**：如果產品上市後曇花一現，很快就歸於寂靜，肯定無法成為爆品。根據經驗，爆品通常能暢銷十年以上。
- **能促進企業發展和產業升級**：爆品應該帶著促進企業持續發展、推動產業升級的使命，不能只是為了短期投機。

小心2大誤區，從4方面自我診斷

◎誤區1：爆品＝單一產品

很多人以為爆品就是單品，其實爆品是一個組合，或說是一個系列。根據功能可以分作一級流量爆品、二級利潤爆品、三級種子爆品，不同層級的爆品具有不同策略意義，我將其稱為「爆品三級組合」，見圖1-1。

①一級流量爆品——

企業處於起步階段，在資源與能力有限的

圖1-1 爆品三級組合

情況下，往往會集中資源開發一個高流量產品，藉此引流帶量，累積顧客和通路資源、塑造品牌、突破市場。一級流量爆品關注大眾的一級痛點，從一級痛點挖掘高頻率剛需（意指使用頻率高的剛性需求），再把這個剛需轉化成產品。

②二級利潤爆品——

藉由一級流量爆品獲得大量使用者和通路資源後，進一步細分高質量顧客的需求，開發出二級利潤爆品。方法是先篩選老顧客，找出高質量使用者，然後挖掘兩個需求點：一是高頻率癢點，透過高頻率痛點帶動高頻率癢點（編注：痛點是令消費者感到恐懼，而最願意花錢解決的問題。癢點不是為了解決問題，而是消費者內心需要被滿足的欲望）。二是低頻率痛點，透過高頻率剛需帶動低頻率剛需，讓有錢人願意花錢來解決低頻率痛點。

③三級種子爆品——

在一級爆品和二級爆品累積的能量基礎上，籌備第三級種子產品，慢慢培育而形成爆品組合，最後組成企業爆品群。

我們來看奶製品生產商伊利集團的爆品組合結構。從伊利公開的年報來看，在幾百個單品中，真正為伊利貢獻銷量和利潤的只有三個爆品組合，它們的銷售額接近四千億元：四百億爆品組合包括大眾化的純牛奶、高端經典牛奶、安慕希酸奶，占了伊利四〇%左右的銷量；兩百億爆品組合包括優酸乳、QQ星酸奶；四十億爆品組合包括舒化奶、穀粒多、味可滋等。

再看日用品公司寶僑（P&G），他們也採用爆品組合模式，不追求產品多，而追求產品精悍，每推出一個產品都要能代表一個品類。舉例來說，飛柔事業部代表柔順，海倫仙度絲事業部代表去屑，潘婷事業部主打養髮、護髮等。

◎誤區2：爆品＝全面極致

很多人認為爆品一定是面面俱到、全面極致的產品，事實上，任何產品都做不到完美無缺，因為這樣的產品成本極高。做爆品只需要把顧客最關注的核心價值做到極致，引發尖叫效應，用一個極致點就足以黏住使用者。至於其他次要部分，可以借鑑同行的成熟經驗，守住底限不使產品扣分即可。

我曾服務一家糕點企業，他們的回購率非常低，原因是公司為了追求產品外觀的極致，花費大量心思在包裝創新上，當新顧客被精美的包裝吸引，期望值被拉高，打開後卻發現產品很普通，因此產生心理落差，回購意願也下降。

包裝主要用來保護商品。口感和營養成分才是糕點的核心價值，只要把這兩點做到極致，自然會帶來顧客黏著度（customer stickiness）。所以我一直強調：不要在看似很酷的非關鍵點上用力過猛，要在核心點上用盡全力。

03 爆品怎麼誕生？不僅開發新產品，還從舊產品篩選

開發爆品的第一個難題是找不到來源，就好像做銷售找不到流量入口，其他方面準備得再好也派不上用場。爆品到底從哪裡來？我根據十五年的實戰經驗，總結出爆品無非來自兩個方面：一是從舊產品線中篩選，從沙堆裡挑珍珠；二是開發新產品，實現從無到有的創新。

來源1：從舊產品線中篩選

我從事管理諮詢時，經常遇到企業擁有豐富的產品線，有很多好產品，甚至是

深具競爭力的專利產品，但由於缺乏爆品意識，產品線的管理亂如麻，就好像把沙子與珍珠混在一起，埋沒了珍珠。

我曾為一家農用物資企業做諮詢，他們既是大型國有企業，又是上市公司，要資金有資金，要人才有人才。我先訪問他們的銷售總監，開門見山提出三個問題。

第一個問題：「公司現在有多少種產品？」總監馬上告訴我：「有五百多種單品，在整個除草劑行業中，我們的產品數量最多，沒有哪個競爭對手能與我們相比。」

第二個問題：「五百多種產品中，銷量最大產品的年銷售額是多少？」話音剛落，總監驕傲的表情馬上消失，低沉地說：「這個問題我們感到很慚愧，雖然產品種類多，但是銷量沒有特別突出。能拿出來與競爭對手抗衡的產品，銷量好的也就兩千萬元左右，銷量差的一整年幾萬元也有。」

第三個問題：「公司當下最急於解決的問題是什麼？只能挑一個。」總監馬上告訴我：「雖然這是行銷諮詢專案，但我目前最頭痛的是供應鏈問題，每個月的產品交付率大多不超過六五％。」

其實第三個問題不用他說，我也能猜到。有五百多種單品，生產車間每次更換品項都要經過停機、更換包裝材料、調試設備等一系列流程，哪怕只生產一箱產品，也需要走完整個流程。對於有些生產量少的產品，調試設備的時間甚至會比生產時間更長。

這不完全是生產部門的問題，這麼多產品放到任何企業，都會導致生產效率下降。這麼看來，企業認為值得驕傲的優勢，反而是不利於產品交付的短處。最後，我給該企業兩項建議。

第一，產品線砍掉三〇％。綜合評估各種產品的年銷量、賣點、毛利、未來趨勢這四個指標，砍掉排在後三〇％的產品線，可以讓產品交付率馬上提高一倍。

第二，把資源集中投入在幾種核心產品上，打造明星爆品。在訪談過程中，我們了解到該企業有好幾個專利產品，因為沒有刻意培養，銷量一直不上不下。我提議，把行銷費用集中投入兩個能快速引爆的專利產品。

當時剛好是銷售旺季，這家企業採用我的策略後，八個月就成效顯著。淘汰生產費時且銷量低的產品後，生產效率提升二四〇%。過去兩個專利產品的銷量為兩千萬元左右，在集中資源、重點推廣後，旺季時銷量最高單品突破一億兩千萬元，成長超過六〇〇%，所獲得的利潤遠遠超出被砍掉的三〇%產品。

從舊產品線中篩選，是打造爆品最快的方法。在執行上，要注意幾個關鍵指標，包括銷售額、產品毛利率、產品差異化、行業趨勢、產品壁壘。根據上述指標量化的結果，結合行業特徵和企業特點，就能從看似平淡無奇的舊產品中篩選出爆品。

來源2：開發新產品

如果在舊產品線中找不出好的爆品種子，就只能從零開始創新產品。做出來的新產品最終能不能成為爆品，關鍵在於系統化的規畫與培養，主要可以看以下兩個指標。

一是上市三年的銷售額。一般來說，爆品的銷售額是公司其他產品平均銷售額的三至五倍。規畫爆品時，銷售額平均值是非常重要的參考指標，為了確保數據合理，計算前要先剔除兩個極端資料，即銷量最好和最差的產品，因為這兩個資料對平均值影響最大。

二是新品連續三年的複合成長率。如果複合成長率超過一〇〇%，就可以認定這個新品有爆品潛力。

結合以上內容，企業可以從產品數、銷售額、銷售增幅、新品貢獻率這四個方面，進行爆品來源的自我診斷，詳見四十頁表1-1。

關於開發新產品的具體方法和操作要點，後文會詳細闡述，本章只是先拋出爆品來源的思考邏輯。

表1-1 企業爆品來源自我診斷表

項目	問題
產品數	公司有多少個品類？ 每個品類有多少個品項？
銷售額	銷量排名前三的產品，年銷售額為多少？ 銷量排名前三的產品，銷售占比為多少？ 銷量排名前三的產品，銷售成長率為多少？
銷售增幅	銷售成長率前三的產品是哪幾個？ 銷售成長率前三的產品銷售額為多少？
新品貢獻率	近三年開發的新品有哪幾個？ 新品銷售額前三的產品是哪幾個？ 新品成長率前三的產品是哪幾個？

爆品熱銷戰法 1

▼每個人都可以做出爆品，很多成功的創意都來自第一線員工，因為他們最接近使用者，聽得到最即時、最真實的回饋，所以最了解使用者想要什麼。

▼爆品的來源有兩個大方向，可以是從舊產品當中篩選來培養，也可以是從無到有的創新產品。

▼爆品就是把產品打造到極致境界，但不是要面面俱到、完美無缺，而是把顧客最在意的地方做到極致，讓顧客興奮尖叫。

▼成功的爆品都是實用、有趣，而且賣相好、品質好，具有不可取代的特點，以及提高身價的背景故事。

▼若資源有限，可以先做區域性爆品，培養利基市場，再向外發展。

第2課

洞察顧客真正意圖，活用3方法與4模型

01

【定量研究法】透過問卷調查和大數據分析，掌握需求抓住商機

我常用三種方法了解使用者需求和痛點：定量研究、定性研究、場景洞察。這三種方法的應用時機和目的各不相同，接下來將詳細闡述。

先提醒大家，學習任何方法都不能教條化地死記硬背，一定要搞清楚適用範圍（用來解決哪方面的問題）、有效條件、理論缺陷。這就像是吃藥不能只談療效，卻脫離劑量，這裡的劑量就是有效條件。

第一個方法是定量研究，目的是透過數據洞察行業、品類的發展，以及使用者需求的趨勢。既然是研究趨勢，就需要有連續資料，不連續或非線性的問題無法透過定量研究解決。也就是說，做定量研究一定要有充足、連續的資料當基礎，否則研究結

果容易偏差或失真。

做問卷4步驟，執行上要注意……

定量研究分為問卷的設計、發放、回收與分析等四個步驟，如圖2-1所示。以下分別說明各步驟的操作要點。

◎第一步：問卷設計

用李克特五等量表（Likert Scale）設計問卷。無論是學術研究或市場研究，李克特五等量表都是常用的問卷設計工具。量表分為五個等級：非常好（五分）、好（四分）、一般

圖2-1 定量研究的4個步驟

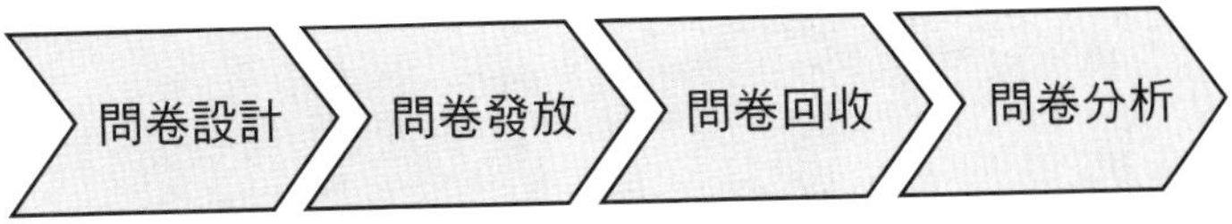

（三分）、差（二分）、非常差（一分）。此量表可以將定性問題轉化為定量資料，再用資料分析軟體進一步處理。

題項不超過二十個，以十五個為佳，且要描述清楚。我在研究過程中發現，若題項超過十五個，受訪者就沒有耐心認真填寫，若超過二十個，受訪者更容易隨意填寫，給出的答案往往不能反映真實意見，得到的資料效度比較差。

核心指標需要用二至三個題目反覆驗證。舉例來說，評價優秀員工的問卷可以設定三個題目：能按時完成主管交代的工作、主動幫助他人、經常主動參與企業的重點項目，從不同角度去求證。

同類問題的題目，設計邏輯必須一致。做出肯定回答（YES）代表認同，數值越高代表認同度越高；做出否定回答（NO）代表不認同。依照這種方式設計題目，能保證問題的方向相同、邏輯一致。

例如在評價一個商品時，詢問顧客：「你覺得這個商品好不好？」若顧客回答肯定的YES，代表他認為很好。再問：「你願意買嗎？」顧客也回答YES，代表會買。這就是題目設計的邏輯一致。

如果第二個問題變成：「你是不是不會買？」顧客回答ＹＥＳ代表不會買，回答ＮＯ代表會買。這兩個問題的方向就相反，題目設計的邏輯不一致。

問卷設計可以混用封閉式和開放式題目，也可以用半開放式。一般是先用封閉式問題，再用開放式問題，因為封閉式問題比較容易回答，受訪者更容易參與。開放式問題是讓受訪者暢所欲言，能獲得更多意見，彌補封閉式問題的不足。

問卷設計完成後，須進行預試，並根據預試結果修改問卷。預試問卷一般不少於三十份，能藉此測試問題的有效性、合理性。

◎第二步：問卷發放

發放管道：問卷的發放管道決定樣本品質，所以非常重要。為了擴大受眾覆蓋面，減少覆蓋率誤差（coverage error）的問題，我通常採用線上和線下互相結合的方式，並借助網路工具，例如：Google表單、SurveyCake、Typeform。

發放對象：所獲得資訊的準確性，往往取決於選擇的研究對象，所以發放問卷前，要先界定並篩選發放對象，篩選指標包括：行業、職業、年齡、性別、工作年資、學歷等。

◎第三步：問卷回收

一項合格的定量研究，剔除無效問卷後，有效問卷最好不要低於一百份，最低不少於五十份。低於五十份問卷的研究基本上無效，因為樣本數太少，看不出資料分布的規律，甚至會誤導決策。嚴格來說，有效樣本的回收原則是：樣本數量應為測量題項的五至十倍。

如何判定問卷有效或無效呢？一般來說，問卷填寫不完整、存在明顯錯誤、選擇題答案完全雷同（例如：全部選A、全部選C）、填寫問卷者不屬於研究對象等，都是無效問卷。

◎第四步：問卷分析

樣本檢驗：在分析樣本之前，要檢驗樣本的有效性。所收集樣本的信度和效度都足夠高，做出的分析才有意義。

首先是主觀檢驗，在樣本回收後，進行檢查、篩選，剔除無效樣本，也就是填寫不完整、明顯亂填的問卷。

其次是信度、效度、相關性的檢驗。信度和效度的檢驗方法比較專業，現在有SPSS統計分析軟體，操作起來相對簡單，只要在SPSS軟體中打開資料檔案，點擊相關功能按鈕，找出需要分析的問卷題目，軟體就會自動提供運算結果。

運算結果達到以下標準值，問卷才有意義（使用SPSS軟體）：

- 信度檢驗：信度係數大於〇．七，CITC指標（每一個題目與其他題目之總分的相關值）大於〇．七。
- 效度檢驗：P值小於〇．〇一，KMO球形值大於〇．七。

● 相關係數：大於○・五。

樣本分析：分析通過檢驗的高品質樣本，找出共通問題，洞察趨勢和方向。在定量研究中，分析人員要對資料保持高度敏感，挖掘隱藏在資料背後的問題本質。

據說，小米的聯合創辦人劉德，曾經與美的集團董事長方洪波談論使用者問題。劉德說，小米的使用者已經突破一億。方洪波說，美的使用者已經突破兩億，使用者檔案都保存得很好，還要助理拿檔案給劉德看。

劉德只瞄了一眼就笑說：「現在是互聯網時代，你的使用者已經被時代拋棄了，他們對美的的未來價值並不大。」方洪波感到奇怪，劉德又說：「這些檔案的電話號碼還是早期的六位數，美的的使用者是現在還用六位數電話的人。」這時方洪波才明白，資料本身沒有意義，重點是資料背後的邏輯。

從3種資料看出需求，驗證爆品機會

做市場定量研究時，一般會看關鍵資料，非關鍵的資料往往不重要。接下來，我要介紹幾種從資料採擷使用者需求的方法。

◎看品類資料：銷量排名和日單量

要看一個品類是否有開發爆品的機會，可以先在網購平台上觀察品類的銷售排名。篩選出前三名的品類，然後再看品類銷量，一般來說日單量超過一千單，就證明該品類的需求群體有一定規模。

當年美團做外賣時，也是採用這個方法。二〇一〇年前後，北京團購網瘋狂推出各種團購活動。美團創辦人王興發現，在各種品類中，外賣的業務量名列前茅，平均日單量超過一千單。由於年輕人喜歡宅在家裡或辦公室裡，王興判斷，未來的外賣業務可能會爆發式成長，於是果斷逐步縮減其他業務，主攻外賣業務，因此成就美團在外賣領域的龍頭地位。

◎看行業驅動要素的增幅，或行業增速

判斷一個行業有沒有未來，要先找到驅動行業發展的關鍵要素，然後分析這些要素的成長幅度。若驅動要素的增幅超過十倍，往往就蘊藏著巨大機會。另外，行業成長速度也是我過去做產業投資的參考指標，若一個行業的成長率能超過國內生產毛額（GDP）的一．五至三倍，就可以判斷這個行業大有可為。

亞馬遜創辦人傑夫．貝佐斯（Jeff Bezos）在網路公司工作時，發現全球資訊網的流量每年增加超過一〇二四%，以這麼驚人的增幅來看，網路一定是未來大趨勢。於是，他辭去工作，開創亞馬遜，從賣書起步慢慢發展到全品類經營，讓亞馬遜成為全球市值最高的網路公司之一。

當年貝佐斯看到的流量增幅一〇二四%，剛好超過十倍，所以我用十倍當作判斷行業前景的參考值。

◎看關鍵字搜尋量

搜尋關鍵字也是判斷一個行業或品類，是否具備爆品潛能的重要指標。一般會參考搜尋引擎網站、購物網站等大平台的資料，當一個行業的單日搜尋量超過一千筆，就可以認為該行業的需求比較旺盛。

我有一個同學曾在百度工作，職位做到高級總監，卻突然提出離職，打算創業做洗外牆的工作。當時我覺得洗外牆的業務需求量太小，並沒有放在心上，一年後我們在北京見面，才發現他做得非常好。我問他：「你當初是如何判斷這個業務有可能成功？」他說，因為他在百度工作，比外人更能理解百度數據背後隱藏的商業價值。他發現，在百度的關鍵字搜尋排名中，每天都有上千人搜尋洗外牆的公司，說明該行業的需求極大。

我們來看新冠肺炎疫情爆發時，口罩的搜尋數據。從圖2-2（見五十四頁）中可以發現，口罩的搜尋人次每天超過三〇一一九人，每日搜尋量增幅超過二八五九%，說明口罩嚴重供不應求。

這裡補充一個評估市場規模的方法：日搜索量×行業平均轉化率×客單價×三十天×十二個月＝一年的營業收入。透過一年的營業收入，可以推算投入產出比，藉此評估這門生意能不能做。

圖2-2 口罩的搜索數據（示意圖）

搜索指數概覽

關鍵詞	整體日均值	移動日均值	整體同比	整體環比	移動同比
口罩	30,119	23,887	2859%↑	-52%↓	2672%↑

ⓘ 數據更新時間：每天12～16時，受數據波動影響，可能會有延遲。

資訊關注　資訊指數　媒體指數　2020-02-16～20-03-16　近30天

02

【定性研究法】用訪談、消費者輪廓等找出痛點，破解不買的7個心理

定性研究往往用來了解消費者的潛在需求，或是數據資料無法反映出來的消費者內心想法。當數據資料不夠充分時，往往也會採用定性研究。

定性研究的首要目的不是洞察需求，而是挖掘痛點。需求是由痛點引發，很多時候，顧客並不知道自己需要什麼產品，企業要基於顧客痛點，結合自身專業推理出顧客需求。若把顧客比喻成患者，醫師不可能問患者需要什麼藥，而是會問患者哪裡不舒服，然後提供治療方案，這就是引導需求。

開發產品要抓住痛點，創造需求。對於任何一個痛點，根據不同的對象和情境，解決方法都不一樣。

我常用的定性研究方法包括一對一訪談、一對多座談會、消費者行為輪廓分析，接下來將逐一介紹操作要點。在實務工作中，我們往往不會只用一種研究方法，而是組合使用多種方法，以確保最終能得出更全面、更準確的資訊。

方法1：一對一訪談

一對一訪談適合重要的研究對象，如大客戶、意見領袖、重要企業管理者。在一對一訪談中，應注意以下重點。

第一，要精準選擇訪談對象，這是一對一訪談成功的前提。訪談對象往往是在某個領域能力突出的專業人士，能提供更多準確資訊。如果選錯對象，提供的資訊可能會有偏差。

第二，要提前準備訪談大綱，把需要獲得的資訊整理成訪談框架，釐清提問的邏輯和先後順序，以確保訪談過程流暢。

第三，提問方式決定你能獲得的答案，如果方式錯誤，答案也一定錯誤。首先，**訪談者的問題越具體，得到的答案也會越具體**。例如在美食調查中，與其問顧客：「好不好吃？」不如問：「辣度夠不夠？甜度呢？鹹度呢？」

又例如，如果問：「你喜歡讀書嗎？」很多人會回答喜歡。但如果換一種方式問：「你每個月讀幾本書？每天花多少時間讀書？」更能判斷出真實答案。問題具體，才能收集到有價值的資訊，並從中挖掘更多顧客的內心想法。

其次，**應該先問容易回答的封閉式問題，再問可以獲得更多資訊的開放式問題**。但要注意，如果開放式問題問得太多，回答者可能會感到厭倦，導致不願意回答或隨便回答。

最後，**提問是為了驗證假設，所以研究者要提前預設答案**，並在實際訪談中做到以下兩點。

◎反覆求證關鍵問題

針對重要的問題，要從不同角度設計題目，反覆求證以確保信度上的可靠。例如，詢問：「你一般多久去一次超市？」如果答案是三天，二次求證可以問：「你一週會去超市購物幾次？」如果答案是兩次，就表示測試結果一致。

◎假設測試與回饋

假設測試是做研究非常重要的環節，卻容易被研究人員忽視。在一對一訪談過程中，要帶著假設與訪談對象溝通，驗證自己的假設是否成立，並發現其中可能存在的問題。

方法2：一對多座談會

當我們需要收集更開放、更廣泛的意見，就可以籌辦一對多座談會。我在做消費者需求調查、產品測試、收集通路意見時，都會採用一對多座談會的方式，讓參與者積極討論。

一對多座談會的操作要點如下：

- **訪談大綱：**根據研究目的制定一對多訪談大綱。
- **研究對象：**要精準挑選參與者，例如做產品測試的研究時，要選擇曾經使用該產品、對該產品感興趣，而且樂於發表意見的人。
- **分組原則：**通常會分三至五組進行座談，最少不少於三組。超過五組會增加研究成本，低於三組得出的結論會比較離散，可能找不出共通性。
- **人數安排：**通常一組八至十人。超過十人比較難控場，人數太少則可能找不出共通性。
- **訪談方式：**在討論階段，不要否定參與者的意見，任何人都可以暢所欲言，但任何觀點都必須有事實依據。若有疑問，可以由會議記錄人員寫下來，事後再請參與者解釋。

方法3：消費者行為輪廓分析

定義出清晰的消費者輪廓（persona，又稱為人物誌，用戶畫像），是做消費者研究的基本條件。消費者輪廓包括基本消費者輪廓、行為輪廓兩個方面。

基本消費者輪廓包括年齡、性別、職業、學歷、群體偏好、認知水準、購買力等，目的是藉由描述消費者的基本樣貌，找出群體的共通特徵。

行為輪廓包括購買行為、體驗行為、分享行為等。購買行為輪廓可以從以下問題著手：喜歡買什麼（品類偏好）、在哪裡買（通路）、願意花多少錢買（價格）、多久買一次（購買頻率）、一次買多少（客單價）、購買時最相信誰（信任背書人）、購買關注點是什麼。

體驗行為輪廓可以從以下問題著手：在哪裡用（應用情境）、如何用（使用習慣）、一次用多少、多久用一次、使用過程中遇到哪些痛點。最後，分享行為輪廓，可以從喜歡與誰分享、用什麼方式分享等問題來收集。

◎購買行為會按照6步驟完成

消費者每一次做購買選擇時，內心都充滿掙扎，他們往往會考慮以下因素（可概括為4W2H）：

- 買什麼產品（What）——根據需要，確定買什麼。
- 在哪裡買（Where）——購買通路。
- 什麼時間買（When）。
- 買誰的品牌（Who）。
- 以什麼價格買（How much）。
- 買多少（How many）。

在購買過程中，消費者行為會遵照一定的邏輯發展，基本上是按照下列六個步驟完成（見圖2-3）。

①誘因——

誘因是需求的起點，挖掘消費誘因是產品設計的起始點。比如說，喝涼茶的誘因是上火，而容易上火的情境是吃辣、熬夜，所以涼茶早期在火鍋店和夜間娛樂場所賣得最好。產品的誘因往往不只一種，產品設計的成功關鍵是深度調查，找出核心誘因。

圖2-3 購買行為邏輯

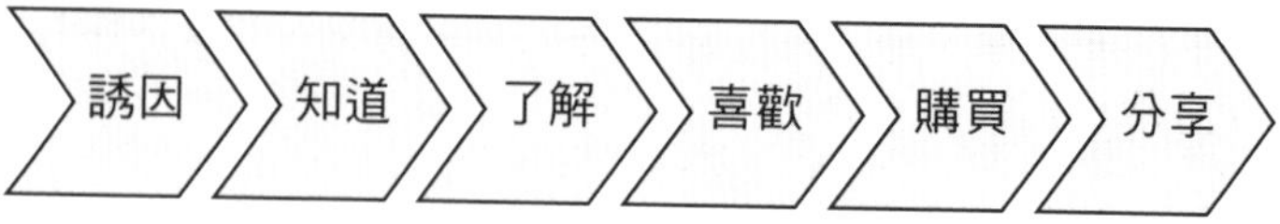

②知道——

當顧客觸達誘因，產生需求，並接收到產品的簡單介紹，就會對產品留下基礎印象。比如說，當你在電視上或網路上偶然看到某項產品的廣告，就會對該產品有初步認知。

③了解——

面對面向顧客介紹產品，再拿樣品提供體驗，加深顧客對產品的了解。在此環節中，顧客會了解產品的屬性、功能、使用場景等，對每一個細節產生深刻感受，然後進入下一個環節。

④喜歡——

如果顧客對產品體驗的感受良好，就會漸漸喜歡產品。所以，很多商家在做新品推廣時，都會向顧客提供免費體驗的機會，例如：食品試吃、化妝品試用等，透過體驗引起興趣，讓顧客慢慢喜歡上產品，直至不願放手。

⑤購買——

當顧客已經喜歡甚至對產品上癮，商家就會推出收費服務，這時顧客會毫不猶豫地購買，尤其是衝動型購物消費者。直播電商就是針對這類消費者，他們即使不需要產品，也會因為喜歡的直播主推薦而購買。

⑥分享——

有值得炫耀的事情，顧客才會主動分享，所以分享的前提是對擁有的產品感到自豪。舉例來說，顧客買到一件很滿意的衣服，穿在身上能凸顯自身魅力，就會主動分享喜悅。

定性研究如何洞察顧客需求的本質？

任何購買行為都會經過上述六個步驟，比起定量研究，定性研究更能幫助我們了解這些購買行為。接下來，我將介紹五個運用定性研究，洞察顧客需求的有效方法。

◎看到問題背後的核心需求

要解決顧客問題，不能只停留在問題的表面，因為表面反映出來的大多是偽需求。要洞察消費者心中的核心需求，探尋問題背後的原因，以及這些原因之間的關聯，才能找到解決核心需求的機會。

假設顧客要買一台鑽地機，表面上他需要鑽地機，實際上是需要一口井。因此，你與顧客討論的方向，不應該是需要什麼樣的鑽地機，或者某一款鑽地機好不好用，而是要了解他需要什麼樣的井，針對他對井的需求，來提供鑽地機。再進一步，可以去了解他需要什麼樣的水，以此為標準提供鑽地機。

看到「客戶的客戶」的需求

我在幫助企業解決問題時，不會只停留在企業當前的問題，而是會向前推一步，為企業搞定客戶。舉例來說，幫助製造商解決行銷問題時，我會站在經銷商的角度思考。當經銷商的問題解決，願意撥款訂貨，製造商的行銷問題自然就解決了。

同理，幫助經銷商解決問題時，要站在零售商的角度，幫助經銷商搞定零售商。幫助零售商解決問題時，要站在使用者的角度，幫助零售商經營使用者。這就是我從事管理諮詢時的思考方式，把問題的層級向前推一步，從客戶的客戶的痛點著手。

從顧客痛點中發掘需求

做行銷的人習慣把「以需求為導向」掛在嘴邊，卻很少有人思考「需求從哪裡來？」其實，需求是從痛點中衍生出來，顧客為了消除痛點而產生需求。所以，想要找出顧客的需求，就要走進他們的工作、生活、學習和娛樂，了解顧客在這些情境中存在哪些痛點。

每個人都有痛點，每個痛點都會衍生出不同需求。需求只是表面的現象，隱藏在需求背後的痛點才是本質。

從人性的本質發現需求

人性的本質最是穩定不變，找到人性的本質，就找到最根本的顧客需求。追求快樂和逃避痛苦，是人類行為的兩大動機。每個人都會追求或嚮往美好的生活，並迴避不愉快的事。要注意的是，根據需求開發產品時，必須洞察人性從而順應人性，不是控制人性。

根據心理學研究，人性有幾個特徵：第一，人有惰性。這個大家都明白，而且每個人都有。第二，人人都有好奇心。好奇心促使人類探索宇宙的各種奧秘，推動社會進步。

第三，人有從眾心理。網路種草（編注：意指商品經過他人推薦後，心裡萌生購買的欲望，類似「生火」的意思）的行銷模式，就是利用消費者從眾心理，讓KOL

（關鍵意見領袖）推薦某樣商品，吸引粉絲跟著買。

心理學研究曾得出結論：群體智商低於個體智商。因為，當個體提出一個觀點，群體的大腦很容易會停止思考，順從地接受個體觀點，導致群體的智商降低。比如說，當某個KOL振臂一呼，號召大家購買某項商品時，粉絲就隨波逐流，很少有人思考為什麼要買、為什麼要聽從KOL的建議，這就是從眾心理在作祟。

第四，人沒有耐心。我觀察到很多人在等電梯時，超過五秒就會忍不住狂按電梯鈕，我將這個現象稱作「五秒鐘效應」。很多企業會打五秒鐘廣告，因為一旦超過五秒，觀看人數就逐漸下降。我也曾觀察短影片的觀看時長，發現超過八秒的影片，觀看時長就大幅下降。

偉大的產品應滿足消費者在生理層面和情感層面的雙重需求。企業在洞察顧客需求時，要關注以上四個心理層面，滿足人性最底層的需求。

◎從潛意識動作看出需求

潛意識動作最能反映人的真實內心，卻往往被忽視。進行定性研究時，要關注受訪者的細微行為，從不經意的言行中發現需求。

我曾主導開發一款香腸食品，該專案源自一次意外的研發測試。當時正值暑假，我找了一些實習大學生，跟研發部門說：「你們平時找不到產品測試的對象，現在有這麼多大學生在這裡，不妨找他們做產品測試，聽聽他們的評價。」

研發部完成測試後，拿出調查問卷告訴我：「大家對六個產品的回饋都非常好。」我看了一眼測試現場，直接說：「二號和五號產品留下來，三號和六號產品直接淘汰，一號和四號產品現在還無法下結論。」研發人員不服氣，質問說：「你憑什麼說三號和六號不行？大家都覺得很好，調查問卷明明寫著滿意。」

我問研發人員：「盤子裡的產品，原本的量是不是都一樣多？」他回答都是一千公克。我告訴他：「每個盤子都是一千公克，二號和五號產品已經被吃完了，三號和六號產品卻幾乎沒動到。」

另一個例子是有一回，索尼公司想開發一款音箱，初步選了黑色和黃色兩種顏色。公司決定先用一款做試賣，市場部不知道該選哪一款，於是找了一批使用者做測試。結果，很多人都覺得黃色更好看，理由是黃色比黑色更亮眼。

測試結束後，索尼公司的測試人員說：「為了感謝大家抽空參與調查活動，每個人都可以領取一個小音箱當紀念品，顏色任選。」沒想到，結果讓測試人員跌破眼鏡——受試者大多選了黑色的音箱。

行為才是最真實的，做研究時一定要觀察受試者的細微行為，不要只關注調查問卷上的答案。我常告誡做市場研究的朋友：「嘴巴會說謊，行為難偽裝。」消費者唯有看到自己滿意的東西，才會做出謹慎、理性且最真實的選擇。

顧客不購買產品的7大心理

很少人會刨根究底去問：「為什麼顧客不買我們的產品？」根據我多年的研究發現，消費者不購買產品，無非是因為七個心理黑洞。為什麼說是黑洞呢？因為商家看不出顧客內心的真實想法，顧客也不會告訴商家實情。如果商家掌握這幾個心理因素，就會有解決銷售問題的方向。

(1)負需求

如果顧客曾經購買某商品，但因為品質或售後服務的問題受到傷害，留下心理陰影，就會對該類商品產生負需求，也就是抗拒心理。我有一個朋友每次看到放鞭炮，都會躲得遠遠的，後來他告訴我，小時候曾因為玩鞭炮被炸傷，因此對鞭炮留下陰影。類似的例子很多，像是一個人小時候被狗咬，他這輩子養狗的機率就很低。

想解決負需求，企業要採用差異化策略，告訴顧客你的產品和過去傷害他的產品不一樣，以消除顧客心中的陰影。

(2)不了解

不了解就是顧客不知道你的產品是什麼、對他有哪些好處。即使產品本身很好，也不一定能賣得好，因為顧客認為好才是真的好。如果顧客根本不了解產品，就不會覺得它是好產品。

想解決這個問題，企業要提煉出產品賣點，再透過宣傳和溝通，傳遞產品的價值、能為顧客帶來的好處。商品越複雜、技術含量越高，顧客越不容易了解，加強資訊溝通就越重要。

(3)不需要

即使顧客了解產品的功能和價值，但若覺得與自己沒什麼關係，覺得不需要，就不會購買。比如說，口紅與男人的關聯度不高，女人對刮鬍刀的關心程度也很低，你想把口紅賣給男人，難度肯定比賣給女人高很多。不要輕易相信把梳子賣給和尚這種勵志故事，不是說不可能，而是非常困難。

從行銷學來看，選錯目標客群，推銷難度會變大。不妨換個角度，找出真正的使用者，再說服顧客購買。例如，想要把刮鬍刀賣給女人，可以從幫丈夫買、犒勞丈夫的角度去說服女人。吉列刮鬍刀早期上市時，就是用廣告展現男人每天忙到連刮鬍子的時間都沒有，進而說服女性為自己的丈夫添購。

◎(4)不值得

顧客雖然需要產品，但若覺得你的東西不值得花這個錢，他也不會買。想解決這個問題，就要跳出傳統思維，不僅要關注產品本身，還要關注附加價值，透過增加附加價值提升產品的溢價能力。具體方法包括強調品牌價值、突出差異化特點、名人背書等。

我們可以向美國希爾頓酒店學習。希爾頓酒店會在房間掛上名人照片，上面註明某個總統、政要或明星在某年某月住過此房間，用這種方式增加附加價值。當房客看到牆上的照片，想到這個名人也曾住在同一個房間，就倍感光采。

⑸不相信

有時候，顧客不會相信商家宣傳的產品好處，會懷疑「真的有這麼好嗎？」當顧客在心裡打問號，就很難下定決心購買。遇到這種情況，光靠講道理很難說服顧客，所以要增加信任度來補強說服力。要先搞清楚顧客最相信什麼、最相信誰，然後用這些人和事做背書。例如專利證書、獲獎證書、權威專家、真人現身說法等，都是增加信任度的方法。

⑹買不起

如果顧客覺得產品太貴，也會放棄購買。導致顧客買不起的原因有兩方面：一是定價偏高，超出目標客群的購買力。這種情況可以透過調價、促銷等手段來解決。

二是市場定位錯誤。如果推銷對象根本不是目標客群，可能導致顧客買不起。比如說，銷售人員跑到鄉下，向農民阿伯推銷BMW房車，這時不管車子性能有多好，阿伯都會說他更喜歡發財小貨車。

◎(7)買不到

買不到的問題多是因為產品普及率或鋪貨率太低，導致顧客想買，卻找不到購買通路。最直接簡單的解決方法，就是提高產品鋪貨率。

03 【場景洞察法】觀察購買、應用及領先使用者，剖析消費動機

場景洞察法是非常重要的消費者研究工具，也是獲取第一手資料的重要手段。實踐上有三種方法，接下來逐一說明。

方法1：購買場景洞察法

走進消費者的真實購買場景，觀察整個消費動線的購買行為。根據觀察到的現象，分析購買行為背後的邏輯與動機。

我經常去超市、大賣場、線上平台等第一線消費現場，觀察顧客遇到的購物問

題，隨時與顧客做溝通。我們曾在超市貨架旁安裝攝影機，拍攝顧客在自然狀態下的購物動線與消費過程，然後重播觀察，分析每一個行為，並結合線上平台的資料做對比，藉此了解消費者行為背後的動機。

方法2：應用場景洞察法

走進使用者的生活圈，與他們交朋友，觀察其生活習慣和使用產品的習慣，並記錄使用產品時的體驗痛點、體驗興奮點、行為習慣等特徵。從體驗痛點可以找出產品的改進機會，從體驗興奮點可以找出鞏固產品的機會，從行為習慣可以找出產品的創新機會，然後分類蒐集到的資訊，以便後期進行改良。

或者，讓消費者深度參與產品體驗，在自然狀態下觀察他們使用產品的反應，以及體驗過程中的情緒與潛意識動作，因為這兩點最真實、無法掩蓋。在此同時，用圖表畫出體驗過程的興奮點、痛點，最後形成視覺化的體驗地圖，作為後期優化產品的依據。

體驗結束後，讓使用者說出三個興奮點和三個痛點，看看跟你的觀察結果是否一致，並追問興奮點與痛點的背後原因，以及改進建議。

我有一個開發電鍋產品的朋友，有一次他去廣州出差，晚上到朋友家裡做客，發現廣東人燉雞湯的方式和北方不同。廣東人燉雞湯時，會把整隻雞丟進電鍋，燉好再整隻撈出來，只喝雞湯不吃雞肉，因為廣東人認為雞肉的營養都在雞湯裡了。

出差結束後，他針對廣東人燉雞湯的習慣，專門開發一款燉雞鍋，在廣州上市後銷量很好。這就是走進消費者的生活，觀察使用習慣而做出來的產品。

方法3：領先使用者洞察法

領先使用者（Lead User）是美國麻省理工學院的埃里克・馮・希貝爾（Eric von Hippel）教授提出的術語。希貝爾教授指出，領先使用者是產品創新的重要源泉。這些人包括供應商、代理商、大客戶等，因為比較有話語權和代表性，所以對企業來說非常有價值。

具體做法是，提前讓領先使用者參與產品開發，包括產品概念、產品反覆優化等工作。大家可以學習小米的做法。小米起家後，選出一百名手機愛好者或知名部落客，讓他們在產品立案階段就深度參與。由於這些人熱愛自己參與開發的產品，最後順利形成口碑效應。

領先使用者既是消費者，也是傳播者，所以一定要選擇具有群體代表性、對特定群體有影響力和帶動力的人。他們要從產品創新的原點開始，全程參與產品設計與產品體驗改良。企業要提供樣品給領先使用者試用，讓他們談談體驗後的感受，並觀察他們在體驗過程中的反應。

使用定量研究、定性研究和場景洞察法，完成消費者調查之後，企業要進一步分析研究結果。常用的分析方法包括四象限模型、關鍵要素分析法，我們將在下一節做重點介紹。

04 【分析模型】實戰常操作4種模型，從企業內外挖掘爆品機會

對產品經理來說，洞察客戶需求、挖掘機會，是開發爆品的起點。該如何同時掌握這兩件事呢？以下介紹常用的方法，包括行業分析模型、市場機會與企業能力模型、產品分析模型這三種四象限模型，以及關鍵要素分析法。

方法1：行業分析模型

行業分析模型（見八十二頁圖2-4）的目的，是找出開發爆品的機會。分析行業時，通常會看兩個方面：一是行業成長率，二是行業集中度。

通常來說，當行業的成長率非常快，是GDP成長速度的一倍以上，就說明該行業存在很大的行業紅利。

另外，當行業排名前三的企業市占率達到七〇%，就說明該行業的集中度比較高，後來者要迴避慎入。一般來說，行業集中度越高，後來者越難進入；行業集中度越低，後來者成功的機會越大。

◎第一象限特徵：低成長、低集中

首先，判斷行業低成長的指標有兩個：一是對比GDP的成長速度，若行業成長率低於國家GDP增速，就說明該行業為低成長。二

圖2-4 行業分析模型

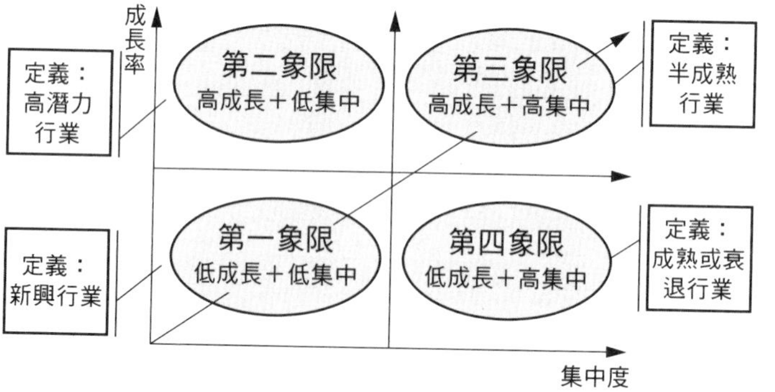

是行業成長率是否達到一〇%，若低於一〇%，就說明該行業的成長較緩慢。每個行業的情況不同，這些指標只能用作參考，並非絕對。

其次，低集中度代表整個行業較為鬆散，沒有領先的企業，競爭處於無序狀態，產品品質參差不齊。呈現這種特徵的行業很可能是新興行業，我們要評估該行業是否與企業的未來策略一致、該行業是否有發展前景，若同時滿足這兩項條件，就可以提早進入布局。新興行業往往要經過一段培育期，隨著行業發展成長，自己的產品也會慢慢成為業界爆品。

◎第二象限特徵：高成長、低集中

當行業成長率超過三〇%，或超過國家ＧＤＰ的三倍，可以視為增幅比較高的行業。如果一個行業的成長率高、集中度低，就說明當下還未出現寡頭，這種狀態往往是企業介入的最佳時機。

我將這類行業定義為高潛力行業，此時要評估該行業是否與企業的發展策略吻合。若高度吻合，企業要毫不猶豫地進入，開發具有策略性的爆品；若不吻合，要考慮這個行業是否具有長期價值。

如果該行業具有長期價值，可能會是企業未來策略升級的方向之一，因此也可以進入。爆品機會往往是從高成長、低集中的行業中去挖掘，所以第二象限是我們開發產品時重點關注的領域。

◎第三象限特徵：高成長、高集中

一個呈現高成長和高集中的行業，往往屬於壟斷性行業，存在高頻率剛需，但是進入門檻非常高，不是需要特權資格，就是需要巨大的資本投入，一般企業難以在這些領域分一杯羹。

比如說，國家稀缺性的資源、能源、貴金屬（如黃金）、金融行業，需求增加的速度很快，但往往只有幾個大企業參與經營，一般企業沒有資格進入。由此可見，一般企業面對壟斷性行業時，即便有市場機會也要慎重選擇。

◎第四象限特徵：低成長、高集中

當一個行業呈現低成長，但集中度非常高的特徵，就代表行業紅利消失，已經進入爭奪存量的階段（編注：即注重既有流量、既有客戶的經營模式）。整個行業被少數巨頭壟斷，而且巨頭是靠蠶食其他弱小企業來獲得成長，說明這個行業很可能已進入成熟期或衰退期。在這個行業中，後來者勝出的機會非常小，因此我建議要迴避，不要盲目進入。

方法2：市場機會與企業能力模型

開發產品時，要從兩個角度研究市場：一是從外部看機會，就是看外面存在哪些市場機會；二是從內部看企業能力，就是看企業需要具備哪些能力，才能抓住外部的機會。這個模型劃分為四個象限（見八十六頁圖2-5）。

◎第一象限特徵：無機會、無能力

外部既不存在市場機會，內部也不具備抓住機會的能力，我將這種情況定義為無機會。具備這種特徵的企業，往往會選擇放棄。

◎第二象限特徵：有機會、無能力

外部存在市場機會，但是內部能力不足的情況，我定義為潛在機會。顧名思義，潛在機會對企業來說，還沒有真正握在手上，要等到企業擁有足夠的本事運用機會才算數。在這種情況下，要評估潛在機會是否符合企業的發展策略。若符合，就投入資源來培養企業的相關能力；若不符合就果斷放棄。

圖2-5 市場機會與企業能力模型

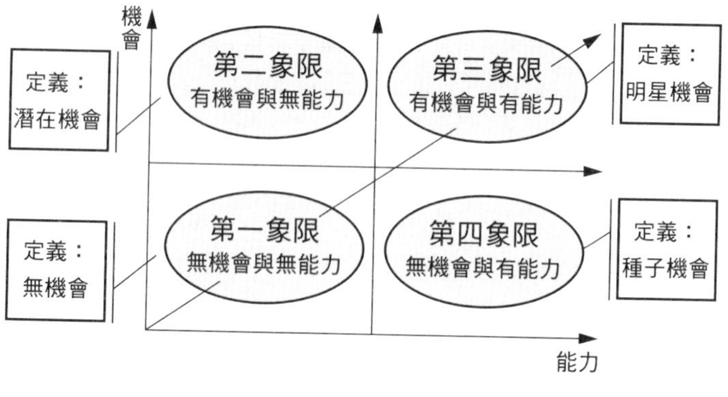

◎**第三象限特徵：有機會、有能力**

遇到既有機會，又有能力的情況，最有利於成功挖掘爆品。一般企業要聚焦在第三象限，投入開發爆品。

◎**第四象限特徵：無機會、有能力**

遇到無機會、有能力的情況，企業可以靠著自身優勢創造機會，分析自己的核心能力在哪裡、機會從哪裡來，或者如何去挖掘機會。

方法3：產品分析模型

產品分析模型（見八十八頁圖2-6）是分析產品缺陷、提供優化機會、挖掘市場需求，以及尋找產品創新機會的工具。這個方法要考慮兩方面：一是需求，二是需求的滿足。

◎第一象限特徵：弱需求、已滿足

第一象限中存在已經滿足的弱需求，這種情況往往是產品雷區。當顧客需求本來就不強烈，購買動機很低，就很難做出爆品。

◎第二象限特徵：強需求、已滿足

第二象限中存在已經滿足的強需求，這種情況是產品創新區。當市場存在強烈需求，而滿足需求的方式很多，像是顧客餓了，可以選擇吃漢堡、白飯、水餃等，企業可以用創新的形式，取代顧客過去滿足需求的方式。

要注意創新有一個基本前提，就是你提供的新方式在效率上或品質上，一定要比過去的

圖2-6 產品分析模型

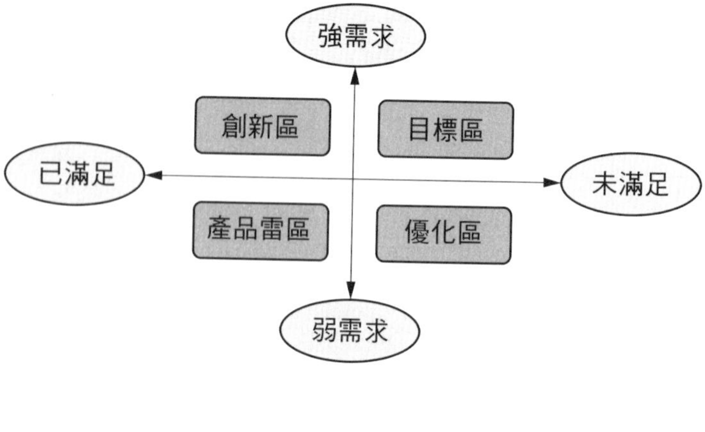

方式更有優勢，否則創新往往會失敗。比方說，過去的交通工具是馬車，汽車的發明提高出外交通的效率，所以很快就取代馬車，來滿足大眾的代步需求。

◎第三象限特徵：強需求、未滿足

第三象限存在強需求，但未得到滿足，往往是產品創新的目標區。強需求代表行業有成長紅利，未滿足代表存在一定的市場缺口，供需關係失衡或供給不足，在這種情況下做產品，最容易獲得成功。

雖然現在各行各業都出現不同程度的產能過剩，但消費需求總是不斷變化，只要深入研究，就一定能在某個細分領域找到未滿足的強需求。舉例來說，從零售業的發展趨勢，就不難看出顧客需求的多變性。從傳統賣場發展到傳統電商，再到今天的短影片電商，隨著社會、經濟、技術發展，會衍生出不同的強需求，繼而催生出不同商家。所以，產品開發者要緊盯第三象限，發掘市場機會。

◎第四象限特徵：弱需求、未滿足

第四象限存在未滿足的弱需求，我將它定義為產品優化區。雖然是弱需求，但仍有提升的空間，關鍵是分析弱需求背後的驅動力。

現在的弱需求，可能會在未來變成強需求。例如，奢侈品在過去一段時間裡是弱需求，但隨著人們的消費力增加，就變成現在的強需求。相反地，低廉的商品可能會從過去的強需求，變成現在的弱需求。

判斷弱需求是否有提升空間時，一定要結合行業和社會的發展趨勢，而不是只看當下情況。如果現在的弱需求符合未來的社會發展趨勢，透過培養、引導就會慢慢轉化為強需求。

總的來說，產品分析模型的關鍵，是關注第二和第三象限的強需求，從強需求進行創新，開發爆品。

方法4：關鍵要素分析法

關鍵要素分析是在開發產品的過程中，找出影響產品成功的關鍵要素，從關鍵要素著手解決產品問題。關鍵要素分析法有兩種執行方式：一是遞進式分析，二是結構化分析。

◎遞進式分析法

關鍵要素的遞進式分析，是以一個關鍵點為基礎，洋蔥式地層層拆解，直達問題的本質。也就是說，從一個「問題點」出發，找出引發問題的關鍵影響要素，然後分析這些要素如何導致問題，各要素之間如何相互影響，最後歸納出結論。

關鍵要素分析的遞進式模型如圖2-7（見九十二頁）所示，運用時要先確定需解決的核心問題，再找出問題的關鍵影響要素。

比如說，研究行銷時，常用的方法是找出行銷成功的關鍵要素，逐一羅列出來。

通常會從4P要素出發，即產品、價格、通路、促銷，然後分析4P背後的子要素，以及各要素之間的相互關係。

- 產品影響要素：客戶需求、體驗細節，以及產品功能、外觀等。
- 價格影響要素：製造成本、競爭者價格、效率、購買力等。
- 通路影響要素：通路的類型、成本、關係等。
- 促銷影響要素：促銷的主題、形式、管道、成本等。

圖2-7 關鍵要素分析的遞進式模型

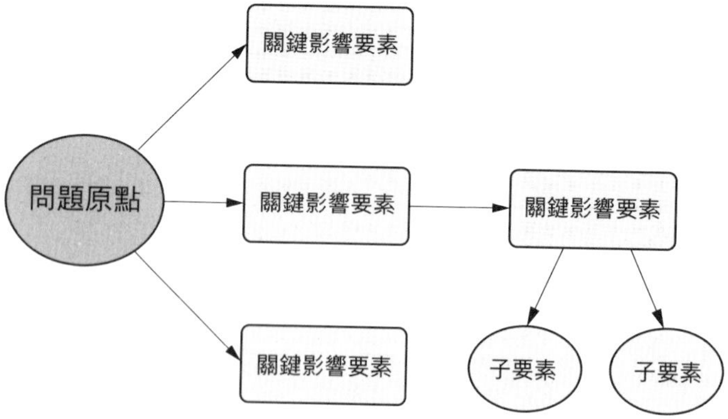

透過層層遞進，最終找出問題的核心關鍵，作為解決問題的著手點。

◎結構化分析法

關鍵要素的結構化分析，是先將問題劃分為不同的角度，然後分析不同角度的關鍵要素，最後找到關鍵要素之間的共通性與交集點，也就是問題的本質。做產品時，這個交集點可能就是需求的原點。

結構化分析與遞進式分析的區別是，遞進式分析是從單一個點出發，透過層層推進，最終找到交集點。結構化分析則是從多個角度出發，透過化繁為簡，最終找到共通性或交集點，作為解決問題的著手點。兩種方法雖然出發點不同，但最後結果可能是一致的。

我們來看一個結構化分析的例子。企業在挖掘產品策略機會時，可以從四個角度做分析。從行業角度出發，可以探索趨勢風口在哪裡、行業競爭的格局、行業集中度如何。從需求角度出發，可以分析顧客痛點、顧客需求、購買關注點。從競爭角度出發，可以分析競爭者的優勢與劣勢。從企業自身的角度出發，可以分析優勢與劣勢、核心競爭力、獨占資源等。

像這樣列出四個角度的關鍵要素，再找出共通性或交集點，所得出的結論可能就是你要找的產品機會。

關鍵要素分析的結構化模型，如圖2-8所示。

圖2-8 關鍵要素分析的結構化模型

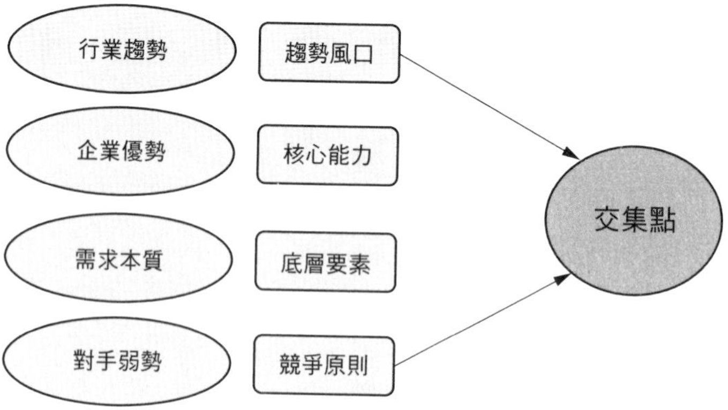

- ▼消費者調查的方法包括定量研究、定性研究、場景洞察法。通常不會只用一種研究方法，而是組合應用，以確保結論準確。
- ▼定性研究的訪談對象很重要，一對一訪談時，要選擇能提供準確資訊的專業人士，一對多座談時，要精選屬於目標客群的使用者。
- ▼場景洞察法能讓你獲取第一手資訊，方法包括走進消費者的真實購買場景和生活圈，觀察他們的購買行為、使用產品的反應。
- ▼做研究時，不要只看獲得的答案，更要觀察受試者發自潛意識的小動作，從中看出他們的真實想法和喜好。
- ▼成長率高、集中度低的行業，以及存在強需求但未被滿足的細分領域，都存在很多爆品機會，產品開發者要多加關注。

第3課

開發爆品有5面向，讓產品變成億萬印鈔機

01

【5種思維】思路定出路，從核心功能、產品整體層次等模式

思路決定出路，思考模式會影響一個人的行為。隨著商業環境與消費觀念變遷，開發爆品的思考模式也有大幅轉變。我結合十多年產品管理經驗，與當下的市場環境，提煉出以下五個產品開發者應該擁抱的思維。

思維1：回歸到使用者導向

為什麼是使用者導向，而非客戶導向?想回答這個問題，首先要搞清楚使用者與客戶的區別。使用者通常是指產品的最終購買者或實際使用者；客戶通常是指通路

商、代理商、中盤商等，也就是在行銷價值鏈中充當傳遞價值、交付買賣的角色。

十年前，我在主導開發新產品時，往往是以客戶為中心。當時產品稀缺，消費者的品牌意識較低，通路擁有交易的掌控權，他們提供什麼產品，消費者就接受什麼產品。以客戶為中心開發產品的效率高、工作量小，只需要到客戶的辦公室做訪談、了解需求，然後回去做出產品，最後再召集客戶開訂貨會議。

如今的商業環境大幅改變，導致客戶導向的模式失效，必須回歸到使用者導向。產品開發的起點應該源自於使用者需求，要尊重消費者的內心感受。如果仍是一群開發者在辦公室裡閉門造車，光憑想像構思產品概念，結果往往是理想很豐滿，現實很骨感。

使用者導向的設計思維，必須考慮商業環境的三種變化。

◎(1)交易決定權發生轉移

隨著八年級、九年級生崛起，市場進入消費者主權時代，品牌意識提高，導致通路對交易的掌控權越來越薄弱。過去，當顧客對店員說：「我要買飲料。」店員會隨手拿一瓶果汁、茶、碳酸飲料或運動飲料，店員給什麼，顧客就接受什麼，不太會挑剔品牌。現在買飲料，顧客會說：「老闆，給我一瓶雀巢冰紅茶、悅氏礦泉水。」如果老闆拿成其他品牌的飲料，顧客就拒絕。

我在飲料公司工作時，曾發生一個小故事。有一次，業務員將青草茶送達超市時，剛好老闆出門了，老闆娘說：「現在老闆不在家，不方便結貨款，我已經缺貨了，你能不能先把貨卸下來，等哪天有空再過來拿貨款？」還沒等老闆娘把話說完，業務員馬上說：「我先把貨載走，等老闆回來了，我再送貨過來。」，一邊說一邊往車上裝貨。老闆娘氣不過，擱下一句話：「老娘從今以後不賣你們家的青草茶！」

但是沒過幾天，老闆又打電話請業務員送貨。我覺得很好奇，特地前去探個究竟。我開玩笑地對老闆娘說：「你們不是打算以後不賣我們家的青草茶嗎？」老闆娘裝腔作勢地說：「你們的牌子大，沒辦法，有些人過來買餅乾，就指定要你們的青草茶，不然他餅乾也不買了。」

在交易過程中，消費者擁有決定權，所以青草茶也能影響餅乾的銷售。

◎⑵使用者需求相對穩定

根據美國工業協會統計，產品失敗的原因有四五％是沒有讀懂消費者的心。現在的使用者需求比過去相對穩定，很多新產品的失敗，都是因為一廂情願斷定使用者需求。事實上，最終買單的人是消費者，使用產品的也是消費者，所以產品開發的起點應是消費者的內心渴望。

開發產品一定要以使用者為導向，清楚知道產品是為誰解決問題。最重要的是，產品所要解決的問題，必須是使用者真實面臨的問題，而不是企業主觀上想替使用者解決的問題。

◎⑶更需要前瞻性眼光

當市場成熟度越來越高，對產品的專業度要求也會越來越高。很多企業缺乏前瞻性眼光，做生意只為了賺錢，思考模式也受短期利益影響。在這種情況下，企業高層給出的建議或意見，經常會誤導產品經理。

總之，在消費者主權時代，誰越接近使用者，就越了解使用者，也越容易搞定使用者。使用者導向就是要走進使用者的生活，讀懂使用者的心聲。不要宣稱把使用者當上帝，事實上卻只是當擺設。要把使用者當朋友，才能夠跟使用者交心，這也是近幾年粉絲經濟、使用者經營越來越被重視的原因。

思維2：從品類定位搶得先機

品類定位的目的是幫助顧客做選擇，因為消費者在購買產品時，首先想到的是品類而不是產品。人的大腦會自動為事物做分類，就如同瑞典生物學家林奈（Carl von Linné）提出生物界的分類法則，藉由將生物分成界、門、綱、目、科、屬、種，讓我們快速認識自然界。

大腦的自動分類功能也運用在消費行為上。**消費者產生某種需求時，會按照品類→品牌→品項的分類邏輯做選擇**。

舉例來說，當消費者口渴了，他會先考慮需要的品類，例如：礦泉水、茶飲料、碳酸飲料、果汁、汽水等，假設他比較注重健康，選擇礦泉水。確定水的品類後，再好的碳酸飲料、果汁等產品都被淘汰掉，不再被考慮。這種排除機制不是因為產品不好，而是品類選擇的結果。

品類確定後，大腦思緒會進入品牌的選擇。在各種礦泉水品牌當中，消費者會依照個人偏好做決定，例如：悅氏、泰山、台鹽、麥飯石等。選完品牌後，大腦思緒自動進入品項的選擇。此時消費者會考慮應用情境，若想要攜帶方便，會購買三百三十毫升的小瓶裝；如果是家庭用，會購買一．五公升的大瓶裝；其他情況下，通常會選擇五百毫升的一般瓶裝。

這一系列選擇的流程看似複雜，其實只需要幾秒鐘。大腦的運轉速度遠遠超乎我們想像，尤其是靠潛意識做判斷的感性思考層面。心理學家發現，感性思考的速度是理性思考的三千倍，基於這一點，我曾為新加坡企業做研究，**最後提出「十五秒效應」，也就是一般顧客在選擇大眾消費品時，十五秒之內就會做出決定**。

我也曾在超市做調查，收集大量顧客樣本，最後發現一致的結論：如果在十五秒之內沒有打動顧客，之後要引起顧客的興趣或注意就會變得更難。而且十五秒之後，顧客往往會出現三種心理：第一，越來越挑剔；第二，對產品的期望值提高，滿意度下降；第三，反覆比較其他品牌，目的是找出產品的不足，說服自己不要購買。

從上述事實來看，品類的定位非常重要，若無法進入消費者的心智，即使產品再完美，也沒有機會勝出。想做好品類定位，奪得消費者的注意力，開發者要做到以下兩點。

◎(1)記住「137原則」

一代表，消費者對業界第一或唯一的商品情有獨鍾，這類產品很容易擁有先天的品類壁壘。三代表，針對一個行業，消費者通常只能記住三個品牌，對其餘品牌的印象比較模糊。

七代表，即使一個人對某行業相當熟悉，若要他列出行業內的七個品牌，仍會非常困難。所以，如果我們的品牌進不了前七名，基本上只能聽天由命地活著。

除了一三七原則，開發者還要考慮三個重點：品類選擇應符合企業發展的方向；品類規模要夠大，只有大水池才能養出大魚；要考慮自身資源和能力，最好具備成為品類王者的可能性，才能在消費者有該品類的需求時，才會立刻想到你的產品。

◎⑵趁3種時機展開「品類搶位」

品類搶位是找出一個品類再細分的機會，開創出新的品類，藉此搶占先機。執行上有三條路徑：品類進化、品類分化、品類造化。品類進化是指，某個品類發展得不夠完善，仍有升級機會。品類分化是指，品類的範圍非常廣，存在細分機會。品類造化是指，品類原來的發展路徑很難提升，但可以做破壞式創新。

應該在什麼時候做品類搶位呢？有三種情況，第一種是發現被強勢對手忽略，或無人耕耘的市場區塊。在一個品類剛剛興起時，領導品牌大多還未發覺機會，或是品類在萌芽期的規模較小，大企業根本看不上，此時是後起之秀快速崛起的好時機。

第二種情況是有人耕耘，但是無人強調該品類與自身品牌的關係。這種情況通常是新品類剛起步，市場競爭鬆散，很多商家只默默經營，沒有品牌意識，於是消費者在選擇該品類的產品時，也不知道哪一家最好。在這種集中度非常低的品類，後來者相當容易勝出。

第三種情況是品類較成熟、集中度較高，但是存在很大的細分機會，可以藉此開創新品類。

思維3：聚焦思考核心功能

在挖掘使用者需求的過程中，我們會按照以下順序聚焦思考：主流使用者→主流使用者的一級痛點→一級痛點在主流情境下的高頻率應用（意即在主要應用情境下，使用率較高的產品功能）。以這些作為產品的突破點，打通整條產品鏈，帶動產品的其他功能與應用。

在實踐中，我們往往從主流使用者當中篩選領先使用者，再用領先使用者的影響力帶動大眾使用者。接著，用一級痛點帶動癢點，透過一級痛點建立使用者的信任感，才有機會幫消費者解決癢點。

然後，用高頻率應用帶動低頻率應用，透過高頻率應用培養使用者黏著度，才有可能帶動低頻率應用。最後，用主流情境帶動多元化情境，讓使用者隨時隨地想到該產品，慢慢培養使用者的習慣。具體的思維模型如圖3-1所示。

例如，在LINE、微信等通訊軟體出現之前，手機的通訊費很貴，人們往往大事用電話，小事發簡訊。尤其一九九〇年代的大學生，基本上都習慣用簡訊交流。簡訊雖然比打電話省錢，但是有字數限制（大約每條七十個字以內），對於一般大學生來說，發簡訊並不便宜。

通訊軟體發現這個痛點，靠著一招免費訊息作為高頻率應用，讓使用簡訊的人數呈現斷崖式下跌。現在，通訊軟體不僅可以發純文字訊息，還可以傳送語音、圖片、影片，而且一

圖3-1 聚焦產品核心功能的思維模型

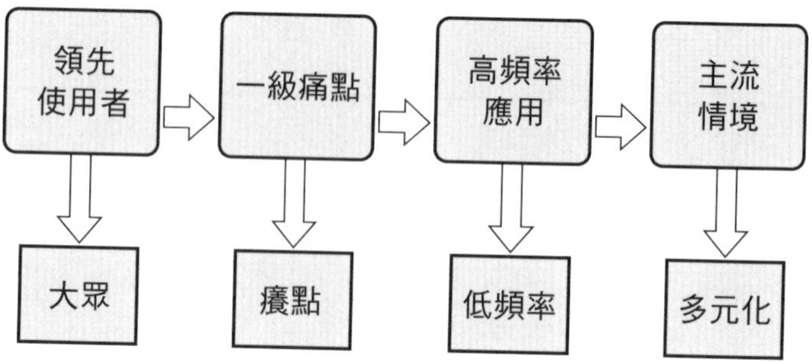

切免費，一步步更加蓬勃發展。

思維4：考慮產品的整體層次

構思一款產品時，必須考慮整體，而不是單一方面。行銷學大師飛利浦・科特勒（Philip Kotler）最早提出整體產品概念，把產品分為三個層次。第一層是核心產品（core product），即產品的核心功能。第二層是有形產品（actual product），即消費者能夠看到、摸到、感覺到的層面，例如：外觀、品牌、品質、包裝、產品形式等。第三層是引申產品（augmented product），即售後服務，例如：免費送貨、免費安裝、資金授信、以舊換新等。

隨著行銷學發展，學者又提出潛在產品層面，也就是產品線未來的延伸方向。總之，開發產品時至少要思考三個層次，如果只考慮單一層次，就容易因為缺乏整體思維，而導致失敗。

產品三層次與馬斯洛（Maslow）提出的需求層次理論，可以互相對照，如圖3-2所示。

宜家家居考慮到產品的整體層次，從核心產品功能、外觀設計，到消費者的組裝體驗，每個環節都經過精心設計。而且，他們的使用者體驗設計從銷售前就已經開始，消費者光顧宜家門市時，店員不會急著推銷，而是在展示空間營造家的氛圍，先讓消費者體驗家具的舒

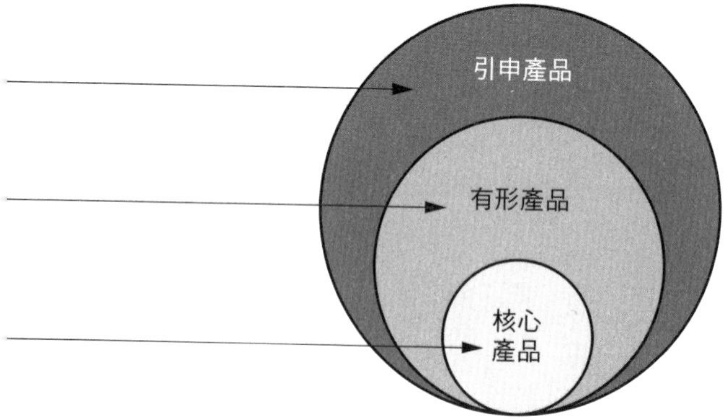

產品三層次模型

適度。

據了解，宜家家居還曾推出體驗館、快閃旅店等活動，讓消費者在宜家產品打造的空間裡過夜，感受床鋪是否舒服、沙發是否好坐、生活小物好不好用。

思維5：發展產業生態模式

過去很多人認為，企業競爭本質上是產業鏈的競爭。很多龍頭企業為了提升競爭力，採用一條龍產業鏈的經營模

圖3-2 馬斯洛需求理論與產品三層次模型

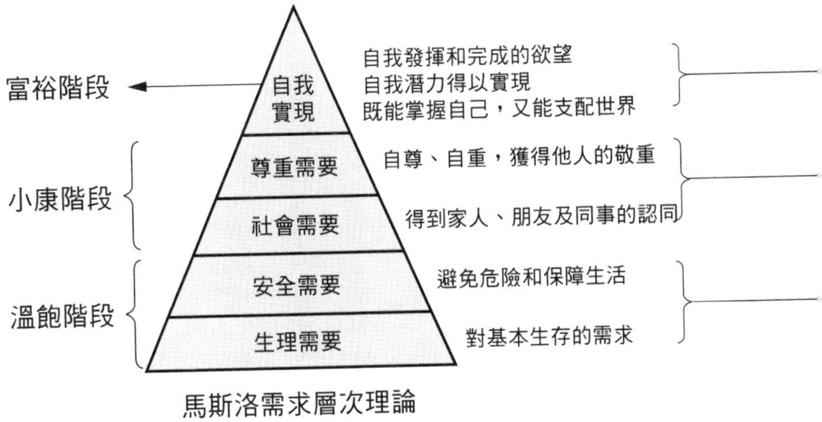

式。不過，現在各行各業的產能過剩，產業鏈的競爭優勢明顯沒有過去顯著。

以往的產業鏈優勢在於，企業需要的材料物資可能短缺，如果自已擁有完整產業鏈，就可以藉由內部協同來補足。然而，在產能過剩的今日，已不存在買不到配套零件或服務的情況。今日，企業更需要重視的是產業生態。

產業鏈與產業生態的區別，在於產業內部的循環賦能效應。產業鏈模式是單向循環、單向賦能。以肉製品企業為例，從種豬繁育、養殖、屠宰、深加工，沿著產業鏈自上而下發展，下游是為了承接上游業務，或是上游業務的延伸，產業鏈之內沒有循環賦能，或者說反向賦能的效應很低。

產業生態模式最大的優勢，是有循環賦能效應，產業生態內的各個環節可以雙向賦能，相互導流。最有代表性的是阿里生態，包括淘寶系（含天貓）、支付寶系、菜鳥系、阿里雲系四大子系統（見圖3-3）。

淘寶系掌握客流，支付寶系掌握資金流，菜鳥系掌握物流，阿里雲系掌握資訊流。第一層循環是按照產業鏈自上而下的循環，顧客透過淘寶的入口下單，由支付寶承接交易支付功能，再由菜鳥承接物流功能，最後顧客的交易資訊、支付資訊、物流資訊全部都匯集到阿里雲平台，形成阿里雲大數據庫，完成第一層循環。

在第二層循環，阿里雲的大數據庫可以反向賦能給淘寶、支付寶、菜鳥，提升協同效率。根據阿里雲的購買記錄，淘寶的演算法能推薦相關產品給顧客。同樣地，透過阿里雲的資料對顧客做信用評分，支付寶能發放個人消費性貸款，讓顧客再去淘寶購物。此外，阿里雲的資料也讓菜鳥物流做到資訊即時化，讓顧客隨時查看訂單狀態、抵達時間，消除等待的焦慮感。

圖3-3 阿里生態模型

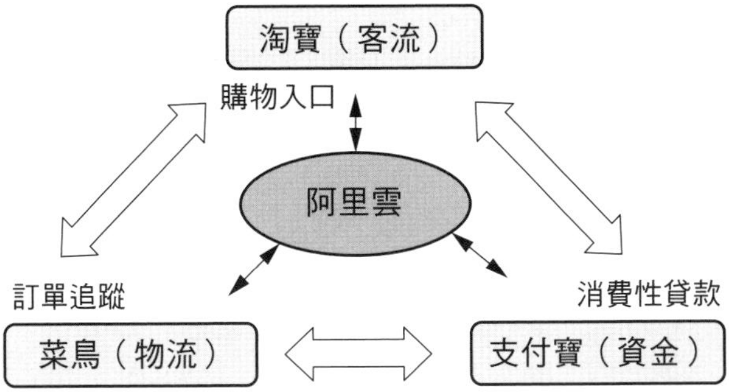

華為也在構建自己的通訊產業生態，以基地台搭建通訊基礎設施，再以華為手機作為導流入口，將基地台資訊、手機資訊上傳華為雲空間，最後透過華為硬體和華為雲服務，實現智慧城市。

現在的管理諮詢、企業培訓產業，也是採用產業生態模式，過去的單一業務模式生存壓力越來越大。培訓業務往往是流量入口，用培訓為諮詢業務導流，再用諮詢深化客戶關係，深度了解企業，為下一步的投資業務賦能。

投資失敗的原因有九〇%以上是資訊不對稱，投資人不清楚企業的弱點。原本覺得企業很完美，投資之後才發現到處是毛病，而且大多無法馬上改善，此時後悔已經來不及了。

當諮詢與投資形成互補，用諮詢業務輔助投資業務，投資人可以加強風險管理。諮詢方（乙方）的角色是幫助企業方（甲方）解決問題，甲方為了占便宜，往往會把小問題說成疑難雜症，設法讓乙方多為他出力。當甲方揭露問題時，諮詢師能更深入了解這家企業，挖出投資人單靠調查很難發現的問題，因為上市公司對調查人員往往是報喜不報憂。

在此同時，我在投資和諮詢領域累積了很多經驗，整理出一套成功方法，可以透過培訓傳授給企業，完成培訓、諮詢、投資的產業生態模式。

在建構產業生態時，必須考慮企業策略，知道企業的優勢在哪裡、應該在哪裡扎根，藉此尋找好的土壤，也就是構建生態的基礎。要思考以下問題：自己處在產業生態鏈的哪個位置？產業生態鏈依附於哪個經濟體？這個經濟體週期處在哪個階段，是上升趨勢，或下降趨勢？經濟體規模有多大？未來的成長機會在哪裡？產業生態鏈的關鍵業務是什麼？企業策略對產業鏈有沒有控制力？

早期國家的出口額特別大，因為外貿生意搭上出口拉動的經濟體，所以做外貿容易賺錢。很多富豪都是做房地產出身，因為房地產搭上投資拉動的經濟體。網路紅利爆發是搭上網路經濟體。至於未來的產業機會，應該是以數位化加消費升級的經濟體為主，企業應該以此為導向，構建產業生態。

02

【4項原則】順應趨勢、當第一或唯一……，就能從競品中勝出

順勢原則：順從行業、品類的發展趨勢

顧名思義，順勢原則就是遵守行業發展的趨勢。我是在北京大學讀書時接觸這個概念，當時投資學老師一直強調，投資一定要選擇左側交易，而非右側交易。左側是產業週期的上升通道，右側是下降通道。

有人曾問小米創辦人雷軍，經營企業多年的最大感悟是什麼，雷軍最後總結出「趨勢」二字。做爆品一定要順勢而為，必須選對產業、了解品類發展趨勢，這是成功的必要條件，其中以品類趨勢更為重要。

知名的嬰幼兒用品企業「孩子王」，老闆汪建國原本經營電器品牌「五星電器」。電器零售業的競爭非常激烈，據說汪建國曾到美國取經，有位資深的成功者告訴他，任何產業都有發展規律，可以從年複合成長率判斷產業週期，做生意一定要選擇產業週期的左側，而非右側。汪建國聽了這些話，突然意識到家電業正處於產業週期的右側，母嬰用品則是在左側。

深思熟慮後，汪建國把五星電器賣給美國電器零售商百思麥，自己帶著老部屬開始經營母嬰用品。後來證明，他的判斷是對的。母嬰用品的需求頻率高，兒童奶粉、副食品、尿布，可能每週就要買一次，但是做電器生意，顧客買了一台家電，可能用半輩子都不會換。

策略導向原則：符合企業發展的方向

產品是企業發展策略中相當重要的一環，所以開發爆品時，一定要根據企業策略，絕不能投機行事。如果開發爆品像是腳踩西瓜皮，滑到哪裡算哪裡，不但成功機率小、資源消耗大，而且內部協同效率低，不利於企業累積資源和核心競爭力。

我從事產品管理十多年，有失敗的案例，也有成功的案例。總結發現，只要是憑著機會主義（Opportunism）立案的新產品，八〇％都會失敗，而成功的產品九〇％以上，都是從企業策略出發，有計畫、有步驟地推進產品開發。

做爆品一定要有策略眼光，找出具有長期策略意義的大機會，而不是當投機分子賺快錢。很多企業喜歡追求大而全，看不上小而美，又缺乏策略規畫，於是像風一樣做產品，看到機會就想抓。老闆拍腦袋，研發人員拍胸脯，銷售人員拍屁股，最後不但沒抓住機會，反而消耗很多企業資源。

華為是世界知名企業，我曾研究他們的產品線策略，發現每個產品都有策略規畫，最終都符合華為的策略方向。其策略就是經營通訊業，在通訊領域之下布局不同的產品線，從基地台到電腦，最後到手機。

因為創辦人任正非先生堅持策略，所以在房地產暴利時期經得住誘惑，堅決不做房地產。近幾年新能源汽車、電動汽車蔚為風潮，很多大企業都躍躍欲試，任正非也沒有動心。策略定力和任正非的堅持，成就華為今天的王者地位。

第一性原則：投資可稱霸業界的品類

第一性原則就是追求業界領導地位，成為品類的代表者，因為在產能過剩時代，消費者只能記住第一或唯一的品牌。

我教導培訓課程時，經常做一個測試，詢問學員世界上最高山峰是哪一座，九〇%的人都能回答是喜馬拉雅山脈的珠穆朗瑪峰。然而，當我再問世界上第二大高峰是哪一座，只有一〇%的人能回答是喬戈里峰。

第一性原則告訴我們一個道理：十樣會不如三樣好，三樣好不如一樣絕，絕到無人可替代、無人能模仿，自然就能奪得天下。

GE的前CEO傑克·威爾許曾為GE定下策略：只做行業第一或第二。根據這項策略，GE甚至把起家的電器業務賣掉，選擇確定能進入前三名的新興領域，例如：醫療、金融。在這項策略之下，GE一度成為全球市值最高的公司。

做不到數一數二，就會淪為不倫不類。我曾有一位客戶，一心想做多元化經營，他的企業涉及食品飲料、房地產、保健品、美容美髮等。企業盲目多元化的結果就是到處踩雷，他進入哪個行業，哪個行業就不賺錢，簡直快成為行業剋星。

投資者最怕資金剛投入，企業就開始多元化擴張，這是我過去做投資換來的血淚教訓。後來在選擇投資對象時，只要看到企業的經營範圍海納百川，即使再好的專案也一概不理。俗話說得好：「一個人無法賺到他能力邊界之外的錢。」聚焦在自己能做到第一的領域去開發爆品，才是成功的王道。

差異化原則：不用盡善盡美，但要與眾不同

差異化就是突出與眾不同的特色，因為不同勝過更好。經濟學家愛德華．張伯倫（Edward H. Chamberlin）、哈羅德．霍特林（Harold Hotelling）都曾提出，差異化是企業獲得競爭優勢的重要途徑，可以弱化競爭、降低顧客的價格敏感度，並提升產品的溢價能力。

過去我做產品時經常強調，不怕產品沒優點，就怕產品沒特點。在琳琅滿目的產品堆裡，在各種紅海競爭中，沒有特點的產品會輕而易舉被淹沒。具體上，差異化可

以從以下角度找切入點：品類、概念、功能、包裝、原料、工藝、形態、服務等。

「新東方」學校是專營英語補習的教育集團，創辦人俞敏洪曾是北京大學教師。俞敏洪過去經常引以為豪，早期到美國留學的學生，大部分都進過新東方的門。後來，一樣出身北京大學的張邦鑫創立「學而思」學校，他深知自己在英語補習界贏不過俞敏洪，就選擇一條差異化路線，專營數學補習。

張邦鑫機智地避開俞敏洪的強項，大家上午去新東方補英語，下午到學而思補數學。最後，新東方和學而思都成功在美國上市，這就是差異化策略的意義。

03

【3個根基】為了讓產品具備爆品體質，必須打穩哪些基礎？

萬事萬物要蓬勃發展，都需要牢固的根基做支撐，一旦脫離根基，就形同無本之木。爆品想要大功告成，也需要建立在三大根基之上：使用者的原始認知與價值聯想、痛點與剛性需求、應用情境和使用習慣。

使用者原始認知&價值聯想

使用者原始認知和價值聯想，是爆品開發成功的第一個根基，也是提煉產品概念的原點。人是有情感的動物，因而會產生情緒。情緒受到認知與價值聯想的影響，若對某事物有正面認知，會產生積極情緒；若對某事物有負面認知，會產生消極情緒。

◎使用者原始認知

人的認知與個人成長經歷有關，經過長期累積和沉澱而成。原始認知就是在沒有任何解釋、介紹之下，顧客對產品的第一印象。這個認知根深蒂固，不會輕易改變，所以開發產品時，不要指望能改變消費者的原始認知，否則會付出代價。原始認知分為清晰認知和模糊認知。清晰認知是不需多做解釋，顧客就能明白。顧客對於熟悉的品類，往往會有清晰認知。模糊認知則是顧客不太清楚，需要解釋才能明白。

例如，王老吉推出涼茶時，廣東人因為有在夏天喝涼茶的習慣，都知道涼茶是什麼。溫州人對涼茶也有清晰認知，因為溫州人號稱中國的猶太人，在廣州做生意的人特別多。北方人對涼茶飲料的認知就比較模糊。所以，涼茶的早期市場主要集中在廣東和溫州一帶，後來透過廣告推廣，才逐步走向全國市場。

不同人面對同一件事物，認知會不相同。例如，都市人和鄉下人生活在不同環境，對同樣的商品會有不同認知。都市人認為排骨的營養價值比肉更高，所以都市裡的排骨價格往往比肉貴。鄉下人認為肉的營養價值更高，排骨都是骨頭，吃一半扔一半非常不划算，所以在同樣的價格之下，鄉下人會更偏好購買肉。

認知的形成是基於個人經歷，取決於個人眼界。井底之蛙對天空的認知，是天空只有井口這麼大，後來鳥告訴他天空無邊無際，青蛙卻打死都不相信。青蛙每天抬頭看到的天空，只有井口大，這就形成青蛙對天的認知。

◎價值聯想

價值聯想分為正面聯想和負面聯想。正面聯想是顧客想得到的好處，負面聯想是顧客想得到的壞處。顧客看到某項商品，會先聯想到什麼？想到的好處多還是壞處多？會先想到好處，還是先想到壞處？這些都需要深入研究。

原始認知和價值聯想是一致的，先有原始認知，再形成價值聯想。舉例來說，提及慈善家，人們的認知是經常做好事，自然會聯想到好處；提及強盜，人們的認知是無惡不作的壞蛋，所以會聯想到壞處。

一級痛點&高頻率剛需

行銷人常說要「關注顧客需求，從顧客需求出發」，但很多人不曾思考需求從哪裡來。需求源自痛點和癢點，由於顧客感受到痛和癢，想要消除痛和癢，於是延伸出需求。一級痛點和高頻率剛需非常重要，是爆品開發成功的第二大根基。

顧客需求有等級之分，從一級痛點才會延伸出剛性需求。比如說，當一個人長出幾根白頭髮，他可能覺得無所謂，因為不會對生活造成不便，於是沒有剛性需求。如果這個人患了盲腸炎，非常疼痛，必須馬上治療，這時候就出現剛性需求。

抓到痛點和剛性需求，是設計產品功能的基礎。要判斷一項需求的使用頻率高不高，我會從兩方面分析。一是使用者是否願意在這類產品上花時間，願意花多少時間，是否會上癮。若使用者不會在產品上花時間，就一定不會在上面花錢。

二是這類產品是否方便攜帶。產品越方便攜帶，使用頻率越高。看看身邊的有線電話和手機、筆電和桌電，哪種產品的使用頻率比較高？結果不言而喻。

應用情境&使用習慣

應用情境和使用習慣是開發爆品的第三大根基，也是很多產品經理容易忽視的關鍵。做爆品一定不能脫離使用者的情境和習慣，尤其是高頻率的應用情境。

我曾服務一家做嬰兒飲用水的企業，他們的產品經理在辦公室裡突發奇想，把產品包裝做成細長條形，美其名為「苗條裝嬰兒水」。後來我走訪超市，發現一般產品都放在貨架上，只有他們家的產品是放在地上，明顯有違產品陳列的常識。負責超市業務的業務員委屈地說：「不是我們不想，也不是超市不願意放在貨架上，問題是苗條裝的瓶子太長，遠遠超出貨架的高度，放不進去啊！」

還有一個做飲料的客戶，開發一款可用常溫水沖泡即飲的茶粉。我問：「這款常溫沖泡的茶粉，跟康師傅、統一的茶飲料，有什麼區別？」客戶說：「口感上沒什麼區別，只是我的茶需要自己沖泡，他們的茶拿起來就可以喝。」

基本上，光憑這個回答就能判定茶粉出局。茶飲料的消費模式是立即飲用，顧客習慣買一瓶隨時打開就能解渴，而不是買一杯茶粉，再找有水的地方沖泡。這款產品不但口感沒區別，顧客體驗還超級差，後來果真被我說中，上市一年後還是賣不動，連當作贈品都沒有人要。

設計產品必須以高頻率應用情境為基礎，在關鍵細節設計上，要符合使用習慣。顧客是最容易用腳投票的群體，如果你不尊重顧客的使用習慣，他們就不會給你面子。

04 【8項要素】服務、差異化、行銷……沒做好，企業會陷入價格戰

我曾在一項學術科研中，透過資料調查和實證分析，得出影響爆品成功的八大要素，包括：市場需求、產品品質、服務水準、行業競爭強度、行銷能力、市場規模、產品差異化、品牌知名度。具體見一三〇頁表3-1。

如果這八個要素沒做好，企業很容易陷入價格競爭，然而價格在消費者看來，根本不是最重要的考量點。以下分別解析這八大要素。

(1)市場需求

市場需求的重要性無須多言，美國工業協會曾統計產品失敗的原因，發現大多是

對需求的掌握不準確，具體見表3-2。

◎**(2)產品品質**

很多人以為，產品品質僅限於產品功能，其實還包括包裝、外觀形態、服務等。不是產品的性能好，就代表品質好，而是產品包裝破損、售後服務不佳，也都屬於品質問題。

◎**(3)服務水準**

過去消費者購買商品時，看重實用價值，產品能用就滿意。在今天的消費升級時代，消費者的要求往往是好用、

表3-1　影響爆品成功的關鍵要素

序號	外部因素	內部因素
1	市場需求（91.3%）	產品品質（83.8%）
2	行業競爭強度（81%）	服務水準（83.9%）
3	市場規模（71.3%）	行銷能力（73.4%）
4	行業技術變革（35.3%）	產品差異化（71.1%）
5	顧客購買力（34.1%）	品牌知名度（62.4%）
6		產品價格（37%）

好玩、驚喜的綜合體驗。因此，未來開發產品時，要把服務當作非常重要的要素，納入整體產品設計中。

我曾經調查海底撈的客人，詢問他們對哪一道菜色的印象最深刻。結果顯示，海底撈的菜色差異很小，而得到最多好評的是海底撈的服務。相較於其他的餐廳，海底撈的拉麵並不特別，但是拉麵師傅一邊跳、一邊甩麵的畫面，讓消費者留下深刻印象。

◎(4)行業競爭強度

企業可以透過行業集中度和市場區

表3-2 產品失敗的原因

失敗原因	百分比（%）
需求判斷失誤	45
技術趨勢失誤	20
研發失敗	12
管理不善	10
製造失敗	8
銷售失敗	5

隔，來判斷競爭的強度，這決定了企業有沒有機會進入該行業。當行業集中度越低，市場區隔得越細，競爭往往越激烈。當競爭強度越激烈，企業越容易陷入紅海競爭，也就越難以獲利。

然而，競爭強度是相對的概念，有些行業的集中度非常高，幾乎處於寡頭壟斷狀態，令後來者相當難以進入。所以，競爭強度低的行業不一定都有機會，要根據不同情況做評估。

◎⑸行銷能力

提到行銷能力時，不能局限在銷售能力，而要看許多方面的綜合行銷能力，主要展現在市場研究能力、通路能力、行銷團隊、銷售能力、服務能力、新品開發、產品企畫能力、行銷創新能力等方面。

◎(6)市場規模

市場規模是爆品成功的基本前提，如果市場規模很小，產品就難以做大，因為小水池無法養出大鯨魚。

◎(7)產品差異化

如果你的產品和競品有明顯不同的地方，價格就可以賣得高一點，這個高出的部分就是差異化帶來的溢價。哈羅德・霍特林指出，產品差異化可以有效降低價格彈性和市場競爭，從而獲得競爭優勢。愛德華・張伯倫也提出，中小企業要獲得競爭優勢，產品差異化是主要途徑之一。

差異化不但能滿足市場多樣化的需求，也能讓企業獲得壟斷力量。學者周琪琪採用實證分析得出，在品質相同的前提之下，同類產品之間的差異越大，則價格彈性越小，企業調價的空間越大，消費者的偏好程度越高。

產品差異化可分為產品自身差異化，以及顧客認知差異化。產品自身差異化是指，產品的內在功能、外在形式、服務等，與競爭者有不同之處，一般是從形式、品質、性能、服務、促銷、通路、價格、概念等不同的角度做出差異。

顧客認知差異化是指，顧客主觀認為產品有所不同。產品自身的真實差異，不一定等於顧客認知的差異。

◎(8)品牌知名度

同類產品中，有品牌知名度的產品自帶流量，而且價格可以賣得比較高，這個高出的部分就是品牌帶來的溢價。過去，伊利QQ星委託浙江的一家代工廠生產，有一次代工廠老闆接受媒體採訪，對著鏡頭訴苦：「我們自產的兒童牛奶，只賣四塊錢還沒人要，伊利QQ星的價格高出一大截，卻供不應求。」可見，企業想獲得高利潤，一定要走品牌之路，光靠價格戰一定走不遠。

05

技術和行銷語言相輔相成，使開發流程更有效率

結合運用2種開發語言

在開發產品的過程中，往往會結合運用技術語言和行銷語言，從不同的角度解決問題。首先，技術語言是一種理性的語言，往往用來解決有形的、功能層面的問題，例如產品功能、產品形態、品質穩定性、保存期限等。

行銷語言則是側重感性層面，往往運用在產品概念、產品定位、產品包裝、產品賣點提煉等層面。前面提過，人的感性思考比理性思考運轉得更快，當技術語言解決不了問題時，可以借助行銷語言。事實上，兩種語言相輔相成，不可能分開使用。

過去，果汁業界長期存在一個難解的問題，就是果汁沉澱物。即使是曾在北方叱吒風雲的龍頭企業匯源果汁，也沒有很好的解決辦法。後來，南方有個飲料企業開發果汁新品，也遇到相同的問題，他們以匯源果汁的一〇〇%果汁為標竿，開發果汁含量三〇%的品類，但是即便如此，仍無法解決沉澱問題。

南方企業從技術上找不到突破口，於是想到用行銷語言解決問題。他們提出「喝前搖一搖」的賣點訴求，告訴消費者，果汁沉澱是自然現象。透過行銷語言，消費者慢慢接受果汁沉澱，在認知上也慢慢認同果汁會有沉澱物的邏輯。

幾年前，我曾為新加坡企業主導一款果汁的研發，用懸浮劑技術解決了沉澱問題，讓果肉呈現懸浮狀，看上去非常漂亮，成品命名為「果濱飛」，訴求點是「好喝看得見」。當時我覺得，產品的概念、命名、賣點提煉、包裝設計都非常完美，上市之後銷量也高歌猛進，但是過了一段時間，銷售成長率卻開始下降。

於是，我展開市場調查，想了解消費者不購買的原因。調查結果令我難以置信，消費者回饋是：「果汁不是應該有沉澱嗎？沒有沉澱的果汁肯定有添加劑，不敢多喝。」可見，「喝前搖一搖」的宣傳深植人心，這就是行銷語言的魅力所在。

另一個經典案例是加多寶公司的王老吉涼茶，它過去被當作降火氣的藥販售，賣了十年業績也就四億多元。由於消費者認為「是藥三分毒」，要講究劑量，不能喝太多，因此銷量無法快速成長。後來，加多寶公司運用行銷語言，把降火氣的藥改為預防上火的涼茶飲料，又植入喜慶元素「吉慶時分喝王老吉」。同一款產品，透過行銷語言改造後，銷量翻漲將近兩百倍。

我在加多寶任職時，王老吉在溫州、台州地區，慢慢從火鍋店進入喜宴會場。溫州有擺喜宴的習俗，為圖吉利，每桌都會先擺十罐王老吉，慢慢地，王老吉成為喜宴的必選商品。溫台地區還有回禮習慣，通常會送每人一箱王老吉（十二罐入），於是，喜宴的需求場景變得非常寬廣，僅溫州市場就賣了三十億元，台州市場也超過十七億元。

開發流程的6階段

爆品開發流程如圖3-4所示。以企業的發展策略為起點，透過市場調查挖掘使用者痛點與需求，再根據調查報告進行新品立案。立案完成後，開始安排各項工作籌備，研發初始產品並進行市場測試。市場測試完成後，會進行定點試賣和產品優化。

在這一系列操作之後，根據試賣資料來評估產品的成功率，並規畫大規模上市。

圖3-4 爆品開發流程

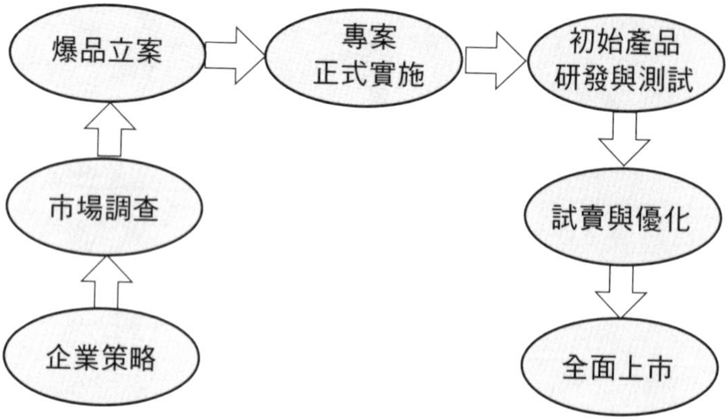

◎第一階段：市場調查

市場調查往往從五個方面展開：宏觀環境、行業發展、競爭者、消費者、企業核心競爭力。

①宏觀環境調查——

宏觀環境的調查包括政治法律、經濟發展、科學技術、社會文化四個方面。

政治法律：包含政治環境、法律約束、國際關係、國家競爭力等。很多做市場調查的人會忽視政治環境，以為政治與自己的關係不大。微觀來看似乎如此，或者說，只要遵紀守法就可以了，但若想把企業做大、做強、做出影響力，就一定要關注政治、法律因素。尤其是涉足海外市場的跨國公司，對他國的政治法律更要仔細研究，因為一國的政局對企業發展影響很大，不懂法律可能會讓企業家功虧一簣。

經濟發展：這裡是指宏觀的經濟發展，調查範圍包括產業結構分布、產品鏈的深度與廣度、產業發展週期等。還要了解國家的產業政策方向，包括國家支持發展哪些產業、限制發展哪些產業、新的經濟政策會帶來哪些問題和機會。

科學技術：觀察產業的發展前景時，技術趨勢是非常重要的因素。可以研究兩個面向：一是國家策略方向和業界龍頭的技術研發方向。其中，國家策略方向，是看政府投入資源到哪些領域，如晶片、大數據等，顯然這些技術是未來的發展趨勢。

社會文化：分為主流文化和次文化兩方面。要了解當地人的宗教信仰、消費主力人群的消費觀念，以及社交習慣的改變等。隨著消費群體改變，主流文化和次文化也會發生變化。

②行業發展調查——

行業發展的調查往往從以下方面著手。

行業結構：包括整個行業是由哪些領域構成、行業存量規模有多大、年增幅多少、行業集中度高低、市場區隔程度、核心環節在哪裡、存在哪些機會與威脅，以及行業發展的瓶頸等。

行業週期：包括屬於週期性行業或非週期性行業、處於發展週期的哪一個階段（起步期、成熟期或衰退期）、屬於剛性需求或非剛性需求、未來的發展趨勢為何、行業吸引力如何。

行業壁壘：即一個行業的進入門檻與退出門檻。門檻越高，表示行業壁壘越強。進入門檻高，退出門檻也高的行業，競爭比較小，但是一般小企業無法進入。進入門檻高，退出門檻低的行業是最佳選擇，因為進入的難度會淘汰一批競爭者。進入門檻低，退出門檻高的行業，因為容易進入，會吸引更多人參與，使競爭變得非常激烈，但是一旦進入就較難退出，只能展開紅海肉搏戰。

行業成功要素：包括技術、資金、人才、通路、產品、品牌、服務等。要了解進入行業須具備哪些要素、若有欠缺的地方該如何解決。很多企業在多元化擴張時，都沒有考慮這層因素，直到一頭栽下去，才發現困難比想像中大得多。

③競爭者調查——

要了解行業的主要領導品牌是誰，並找出行業前三名。具體上包括以下問題：

- 近三年主要競爭對手的市場策略及變化。
- 近三年主要競爭對手的市場策略，對市場造成哪些影響？
- 主要競爭對手的優勢和劣勢在哪裡？

④消費者調查——

消費者調查包括以下方面：

- 該行業的需求，本質上是什麼？
- 主要使用者是誰？
- 消費者輪廓分析：群體特徵、年齡、職業、偏好、消費觀念、使用習慣、購買力。

- 使用者對業界產品的認知度如何？
- 使用者購買行為的習慣是什麼？
- 使用者存在哪些痛點和高頻率剛需？
- 使用者的消費動機是什麼？
- 使用者的購買關注點在哪裡？
- 使用者的應用情境及使用習慣是什麼？

⑤企業核心競爭力調查——

企業核心競爭力就是對手不具備、無法模仿的能力，或是對手可以模仿，但是模仿的成本高出許多。若企業沒有領先優勢和核心競爭力，就很難在業界確立領導地位。企業核心競爭力的調查包括以下方面：

- 企業自身有哪些優勢？核心競爭力展現在哪裡？擁有哪些獨占性資源？
- 企業自身有哪些劣勢？未來的發展存在哪些瓶頸？
- 企業在過去的發展過程中，累積出哪些核心競爭力？

綜合以上針對環境、行業、競爭者、消費者及自身情況的調查，最後形成市場調查報告，成為產品立案的決策依據。

◎第二階段：爆品立案

根據市場調查編寫立案表，闡述調查結論，具體內容可以參考附錄一「爆品開發立案表」。

◎第三階段：立案討論及專案正式實施

立案表經公司高層討論、審議通過後，提交正式的管理專案報告，內含明確的職務分工、專案驗收標準、責任者、完成時間及考核細則。各組負責人必須簽字確認，由專案經理推動並協調進程。具體內容可以參考附錄二「爆品開發管理專案報告」。

◎第四階段：初始產品研發與測試

先研發出1.0產品，投放到市場做測試，看看使用者的反應。市場測試的週期通常是一週到一個月，之後再根據使用者回饋及消費者意見改進產品。做市場測試時，最好選用網路平台，因為線上回饋比較迅速，留下的資料方便隨時參考。

◎第五階段：產品優化與定點試賣

完成初始產品的優化後，2.0產品可作為正常商品，選定在特定區域、特定通路試賣。在試賣階段，要持續關注銷售資料與顧客回饋，蒐集市場的真實反應，檢驗產品有沒有不足的地方。把風險鎖定在試賣區域，即便產品暴露出不足，也不會給公司造成太大的負面影響。

試賣週期一般是三至六個月，時間太短會看不出效果，太長會浪費時間，還可能被對手模仿，失去引爆熱銷的最佳時機。最嚴謹的方式是讓產品走完整個銷售週期，經歷淡季和旺季，以了解消費者對這項產品的需求週期，找出需求的高峰與低谷，為後期的推廣工作提供決策依據。

◎第六階段：批量上市與常態銷售

完成試賣階段，表示產品通過市場考驗，這時市場接受度、產品品質的穩定性等各方面都較為完善，可以進入常態化的銷售階段。

基本上，爆品開發的流程都是按照上述六個階段執行，但根據不同行業、產品的複雜程度，時間節奏可能有所不同，流程順序也可以調整。嚴格來說，這六個階段缺一不可，每一環節都有存在價值和作用，例如：提升效率與精準度、控制風險。複雜的流程看似降低效率，實際上有助於減少犯錯，使你更快達成目的。

爆品熱銷戰法 3

- ▼開發產品要時時謹記五件事：以使用者為導向、品類定位要精確、做好核心功能、分三層次構思產品，以及發展產業生態。
- ▼在品質大同小異的前提下，若你的產品有跟別人與眾不同的地方，價格調高的空間就比較大。
- ▼想贏過競爭對手，除了要做出特色，還必須選對行業和品類，投資符合企業發展方向，並有機會稱霸業界的領域。
- ▼要根據顧客的一級痛點與高頻率剛需，設計產品功能，而且細節上要符合顧客的使用習慣，做出來的產品才會大賣。
- ▼當技術語言無助於解決產品問題，可以改用行銷語言，從感性角度扭轉局面。

第4課

爆品需要推陳出新，該做什麼&不該做什麼？

01

高手的靈感從哪來？全民痛點、習慣變化、新技術……

前面的章節介紹爆品開發的思維、原則與流程等，接下來，我們要探究新產品的創意來源。我研究各行各業的產品創新案例，總結出爆品創意的七個源頭。

來源1：偶然事件引發的深度思考

有些爆品創意來自不經意的瞬間，是由偶然事件引發的靈感。想要捕捉這類靈感，有兩個缺一不可的要件：一是要用心留意平時看到、聽到、親身經歷的事；二是要勤於思考。牛頓發現萬有引力之前，很多人都看過蘋果落地，但沒有人思考為什麼蘋果會往下掉。對偶然事件保持高度敏感與好奇，才能從中挖掘開發爆品的創意。

可口可樂的創意源自一位名叫約翰・彭伯頓（John Stith Pemberton）的藥劑師。他原本想開發提神飲料，但在調製配方時，誤將蘇打水當成純水。他發現自己用錯水，在倒掉之前好奇地嚐了一口，發現味道很特別，這就是可樂的前身。一次偶然的錯誤，成就一個百年的品牌。

吉列刮鬍刀的鋤頭形刀架，也源自一個偶然事件。有一天，吉列的老闆在郊外散步，看見一位農夫扛著鋤頭從身邊走過，由此得到開發刮鬍刀架的靈感。

OK繃的誕生也是如此。OK繃品牌源自嬌生公司一位名叫迪克森（Earle Dickson）的職員。他的妻子在做家務時切到手，於是他用繃帶幫妻子包紮傷口。迪克森覺得繃帶很不方便，便思考能不能做出一個標準化的包紮商品。回到公司後，他提出OK繃的創意。

很多偉大的產品創意，都是在偶然中出現的必然結果。觸發產品創意的事件是偶然發生，好奇心和主動思考的習慣卻有其必然性。

來源2：發現全民痛點，找出解決方案

爆品是對企業發展和產業升級具有策略意義的產品，所以平時要關注重大的產業問題、企業問題、社會問題，找出問題根源和需求本質，把解決問題的方式轉化成產品，再用這個產品去推動產業升級與社會進步。

與人們生活最貼近的衣食住行當中，就存在各式各樣的問題。你可以把產品視為解決問題的方式，然後把每一種方式都看作一個產品，這就是爆品創意的泉源。以「行」為例，根據馬斯洛的需求層次理論，安全是底層需求，在安全的前提下，人們才會追求速度，然後基於對速度的追求，慢慢創造出不同的交通工具，從早期的馬車、自行車、汽車，一直到現代化的飛機、高鐵。

由此可見，現代人出外交通的需求，本質上是更快速，因此逐步發展出各種交通工具，這就是解決全民痛點帶來的產業升級。

來源3：產業的變遷和產業生態重構

管理學大師彼得．杜拉克（Peter F. Drucker）曾說，無論產業如何變化，機會永遠不會消失，只會從一個行業轉移到另一個行業。產業變遷帶來的發展機會，也是爆品創意的來源，如果這種變遷帶來紅利，就更容易打造爆品。

你要善於觀察產業變遷的蛛絲馬跡，從細節中發現趨勢。新產業的出現一定會有徵兆，根據經驗，我們要留意三種變化。

◎產業要素變化

包括新技術投入、人才發展、國家產業政策、社會共識等，這些都是推動產業變遷、產業發展的驅動要素。

需求端變化

包括主流使用者群體的變化、消費觀念與習慣的改變、成長幅度變化、使用頻率變化等。需求端是驅動產業變遷的重要力量，消費升級的原因有很大一部分，就在於需求端發生改變，年輕人的消費力遠遠超越上一代，成為主流使用者。

供給端變化

一要關注競爭對手的數量增減。如果持續有競爭者加入，說明這個行業正在發展中。如果不斷有競爭者退出，說明這個行業已是夕陽產業，競爭者無法獲利，才會選擇脫離。

二要留意行業領頭羊的技術研發方向。行業領頭羊是產業發展的風向儀，一旦他們達成共識，就能引領產業方向，因此多關注他們的動向，可以避免走彎路。近幾年，很多大企業都在發展人工智慧、智慧家庭、自動駕駛等領域，中小企業做產品創新時，也可以從中獲得啟發。

來源4：人口結構變化帶來的新機會

人口變化是推動產業變遷的重要因素。人口數量的增減、年齡結構不平衡性、收入變化、教育水準變化等，都是判斷人口結構的重要指標，而且這些變化都會帶來新的行業機會。

舉例來說，人口高齡化是一種趨勢，會帶來各種社會問題，也會創造一些新的商機。近幾年，養老產業出現許多新樣態，像是老年保險、養老基金、養老度假村、養老旅遊、托老中心等，過去這些行業的規模比較小，現在都慢慢興盛起來。

來源5：消費觀念和習慣變化帶來的新機會

研究消費主力世代的消費觀念和習慣變化，就能發現未來產品的機會。八年級、九年級生的購買力增強，消費觀念和習慣都有改變。消費升級導致產品往高品質、高價格發展，是必然趨勢。

過去的老一輩看重便宜，東西能用就好，買一件衣服可以穿九年，即所謂「新三年，舊三年，縫縫補補又三年。」現在年輕人只買自己喜歡的，九件衣服都不夠穿一年。再加上社群平台發展成娛樂電商，年輕人會因為喜歡某個網紅，而購買網紅推薦的商品。

隨著消費觀念改變，近幾年出現許多新產品機會，例如客製化產品越來越多。很多服裝企業開拓客制業務，以彌補傳統業務的下滑。我還有客戶專門做兒童豬客製化養殖，讓家庭為孩子養一頭豬，他們會根據顧客的要求餵食，還可以遠端監控豬的生活狀態。

另一個例子是旅遊業。以前旅遊很奢侈，村裡面有人出遠門，全村都會覺得他了不起。現在旅遊成為很多家庭的必需品，甚至一年要出國好幾次。於是，旅行社開始針對不同群體，提供兒童夏令營、背包客派對、家庭套餐等個性化旅遊產品，滿足不同人的需求。

來源6：新知識、新技術的應用

新知識與新技術的廣泛應用，也是產品創新的重要推動力。比如說，自動駕駛技術的推廣，引發大數據領域的產品創新、自動駕駛汽車的零件創新、物聯網的技術創新等。智慧家庭的新知識普及，也推動整個家用電器領域的創新，冰箱、洗衣機、空調、電子鍋等產品，都存在很多機會。

我有一個從事化工業的客戶，早期為了減少第一線工人的工作量，開始做車間智慧化改造，後來嚐到好處，就展開逐步升級，從生產車間、廠區物流到倉庫，全部實現智慧化。

走進他們的車間，所見都是機械手臂，物流是AG運輸車，倉庫是高達三十公尺的自動升降立體倉庫，還有配套的自動發貨系統。他們在銷售旺季可以二十四小時作業，不用發加班費，而且精準度比人工更高。

這裡要提醒一點，新知識、新技術從研究開發到實際應用，中間往往需要過程。在做產品創新時，應考量實際的情況，才能提高成功率，**尤其是新知識的研究，有時候理論上行得通，現實中卻未必能實現，這是產品創新經常遇到的難題**。

以智慧家庭領域來說，家電業的各大巨頭都在嘗試，也只取得階段性成果，未能有效實現願景。有一次，我與客戶談到智慧家庭的瓶頸，他認為智慧家庭要全面落實，還需要一段過程，目前只能做局部的智慧家庭。關鍵之一在於，不同企業的APP無法相容，導致使用者不願意嘗試。不嘗試就無法培養習慣，智慧家庭生態就很難做到良性循環。

另一個關鍵是產品應用情境的局限，不論冰箱、洗衣機、抽油煙機或空調設備，在家中的覆蓋率都很低。消費者不可能在洗手間放冰箱，也不可能在臥室擺放高吸力的抽油煙機。低覆蓋率導致智慧家電難以追蹤人的動態，就難以獲得即時資料，於是智慧家電如同一個人缺少大腦而毫無用處。

來源7：跟隨國家產業政策的方向

產品創新要跟上政府的產業政策方向，即時了解政府大力支持哪些產業、限制發展哪些產業，把國家策略轉化成具體的產品。

對於限制發展的產業，要即時繞道而走。例如，在高能耗、高污染、產能過剩的行業中，你很難找到爆品機會。當外部環境已經限制市場規模，企業不可能勝出。這好比養魚，魚的生命力再強，一旦水質被嚴重污染，魚也很難生存。

對於政府扶持的領域，要挖掘爆品機會。例如，新能源、新材料、晶片、物聯網、智慧醫療、高端製造等產業，未來肯定大有發展。在這些領域中扎根，研發爆品的成功率會更大，像是電動汽車、大功率蓄電池、人工智慧、智慧生態等行業，最近都發展得不錯，市值都在持續成長。

02

爆品創新有10種方法，首先得注意一個關鍵數字！

在分享產品創新的方法之前，先提醒大家，不要輕易當第一個嘗試的人。從B點（中間點）介入是最佳選擇，因為A點風險太大，C點時機太晚。一般來說，判斷方法是，當一個產品的市占率達到二〇％，說明已有一定基礎，或是能被市場接受，這時候進入的風險最低。

行業細分法：從細分領域找機會

行業細分法是拆解大的行業，從細分領域中尋找新機會。具體的操作邏輯是大行業→小品類→強品牌。也就是說，**你選擇的行業市場一定要夠大，才有辦法找到細分機會，然後做出強品牌來代表這個品類**。要注意的是，小品類不一定表示市場小，而是品類更聚焦。

以服裝業為例，市場可以拆分成男裝、女裝、童裝、熟齡裝等。例如，海瀾之家聚焦在男裝品類，打造出男人衣櫃，讓男性買衣服就會想到他們。

叫車服務本身經過兩次細分。滴滴打車針對大眾，後來神州專車進一步細分客群，針對高端客人推出專車和商務用車，獲得一定程度的成功。由此可見，細分度越高、越精準，越容易成功。

具體做法 選擇一個認知度高的大行業，根據顧客認知的品牌特徵或產品特性，為行業加上一個高附加價值的細分定語（編注：「定語」是名詞前面的修飾語，指出名詞所表示的事物是「什麼樣的」、「誰的」、「多少」等情況）。根據這個定語，塑造出概括的品類概念，然後將品牌打造成該品類的代表，將產品的差異化價值提煉為行銷傳播的訴求點。

重點是從品類、品牌到產品都要保持一致性，即顧客需求核心＝產品功能＝品類概念＝品牌內涵＝廣告訴求＝顧客認知價值。

以王老吉涼茶為例，要解決的顧客需求是降火氣，產品功能必須做到預防上火，所以在成分中添加降火氣的中藥材。它提出的品類概念是降火氣的涼茶，品牌文化提到王老吉創辦人是涼茶的始祖，廣告也訴求「怕上火喝王老吉」。

由此可見，早期王老吉的成功不是偶然，而是經過一系列的規畫，最終讓顧客在認知上接受這個品類。除了一致性之外，行業細分法的成功還取決於以下因素。

◎行業的市場規模夠大

行業的市場規模必須足夠大，為細分出來的品類提供巨大空間。

◎細分定語能賦予溢價

細分定語必須具有高認知度、高附加價值聯想。例如，對於青蘿蔔和水果蘿蔔，

「青」這個定語很抽象，沒有什麼附加價值，而「水果」這個定語非常具體，能讓顧客馬上聯想到水果的好處。

顧客對新品類認知的清晰度

產品的品類屬性、核心價值、品類特徵，都源自顧客心中既有的原始認知，而不是企業賦予的定義。換句話說，要由顧客認為產品是什麼（品類屬性）、有什麼特色、有什麼好處、好的標準是什麼。尤其一定要讓顧客對新品類的屬性有清晰認知，否則企業要付出的教育成本太高。

行業大品類能為新品類的認知背書

任何品類創新，都必須與消費者既有的認知建立連結。讓大行業為小品類背書，企業就不用花太多成本教育消費者。

品類複合法：組合兩種既有產品

品類複合法也稱為品類集成法，是從大家都熟知的品類，汲取優點或特徵，組合成一個全新的品類。

奶茶是品類複合法的典型代表，「奶茶＝茶＋奶」。奶是營養標籤，茶是健康標籤，把奶的優點與茶的優點結合在一起，就形成全新的奶茶品類。消費者對奶和茶的品類認知度都很高，所以奶茶新品類的開創非常成功。

「拍照手機＝打電話＋拍照功能」，在早期也是新品類，直接取代傻瓜相機品類。還有後來出現的「智慧手機＝拍照手機功能＋電腦的上網功能」，直接取代傳統的拍照手機和部分電腦應用。

具體做法 我在摸索爆品機會時，通常會聚焦在特定群體身上，尋找他們在日常生活、學習、工作等情境中，認知度和使用頻率最高的產品。然後，找出兩個產品的核心功能並結合起來，讓一個產品能解決兩種問題。

實際執行上有兩個關鍵，一是這兩種產品的品類最好要類似，而且可以在同一個情境中使用，例如：拍照和撥接電話、聽音樂和跑步計步的功能。二是只需要找出一至二個核心功能，功能太多反而會掩蓋主要功能。

此外，在應用品類複合法時，注意以下原則就能提高爆品創新的成功率：

- **兩個品類集合後，形成一個全新品類**。不是簡單地疊加舊元素，而是要做出品類創新。
- **顧客對原來的兩個品類，認知度都很高**。這樣就不用重新做品類宣傳，否則會造成新品類的宣傳週期漫長，企業的教育成本太高。
- **新品類可以借助原品類的認知優勢**。也就是舊品類能為新品類賦能。

以下用糖罐來說明品類複合法的操作原則，如圖5-1所示。消費者對糖的認知度很高，對罐子也有認知度，當糖和罐子集合，形成糖罐這個全新品類，消費者很快就可以接受。千萬不要低估消費者的原有認知，當你提出全新品類，消費者卻找不到原有的記憶元素時，就很難接受它。

1＋N微創新法：在關鍵環節做創新

1＋N微創新法，是根據企業自身的獨特優勢做出差異，並大膽借用其他元素，達到用一個差異點打通整條產品鏈的效果。這裡的「1」代表企業獨創的核心變數，「N」代表行業內可借用的通用變數。

根據我對各行業的研究，1＋N微創新法是目前最常用、風險最低且成功率最高的產品

圖5-1 糖罐的品類複合法

創新模式之一。因為開發產品時，不可能在每個環節都做出創新，重點是在「關鍵環節」上尋求突破。

要注意的是，關鍵環節的創新，一定要展現企業的獨特優勢或特色，並突顯核心變數的價值。對於「非關鍵環節」則是借用行業內技術成熟、已被反覆驗證的做法，這些方面不需要創新。如此不但可以降低創新風險，還能提高產品開發的效率。

具體做法 一方面，找出一至兩個使用率高的產品核心功能，集中資源做到極致化、標準化，讓顧客興奮尖叫，也讓對手無法超越。另一方面，直接借用行業中的通用變數，並透過標準化提升效率，降低試錯風險與研發成本，也確保品質穩定。

舉例來說，麥當勞的產品線看起來很豐富，有炸雞、薯條、漢堡等，其實核心爆品是五花八門的漢堡。麥當勞採用1＋N微創新，1是漢堡麵包，N是中間的各種餡料。漢堡麵包的需求量最大，透過標準化可以節省製作時間，保持品質穩定，還可以大規模生產，降低單位成本，所以漢堡的利潤很高。

必勝客的披薩也是採用這種模式。1是披薩餅皮，N是撒在上面的食材。餅皮可以標準化，加上不同食材就做出不同口味的披薩。

標竿創新法：改良對手的產品

先在行業中物色要標竿（benchmarking）學習的企業和產品，然後分析該產品，找出可改良的弱點與可借鏡的優點，並且藉由改良展現自己的特色。

標竿創新法有兩種切入角度。第一種是直接借鑑，依靠自身資源形成的成本優勢，直接模仿標竿產品，靠成本優勢取勝。第二種是超越借鑑，找出標竿產品的優點和致命缺陷，仿照優點、改良缺陷，把產品做得更完善，也就是針對同一個核心功能做優化，讓產品更符合顧客體驗，並形成自身獨特優勢。例如，海倫仙度絲強調去屑，風影S-DEW則強調去屑且不傷髮。

我曾幫一家堅果企業做產品創新，提出「好吃不上火」的特色，因為很多消費者認為堅果吃多了會上火，尤其是夏天。這種認知導致堅果的銷售有週期性，從每年的九月到次年三月是銷售旺季，四到八月則是淡季。

標竿創新要取得成功，必須把握以下關鍵：

- **找對標竿對象：**搞錯參考的標竿對象，就相當於射箭沒找對靶標，不可能取得成功。應選擇與自身業務類似的企業，做標竿學習才有意義。
- **行業集中度越低，越容易成功：**當一個行業的集中度非常高，後來者模仿領先者的成功機率會很低，因為很難贏得消費者認同。
- **具有成本優勢。**後來者想要成功模仿，在價格上占上風是最有效的方式，除非你能在性能上超越對手一大截，而且讓顧客明顯感受到差別。
- **對手存在致命缺陷：**對手有軟肋，你才有進攻機會。對於任何產品，只要用心研究，都能找到進攻的切入點，小蝦米想推翻大鯨魚，並非不可能。

市場專業化：滿足特定客群的不同需求

同一個目標客群，基於不同的職業、情境、消費習慣，會存在不同需求，這為市場專業化的產品創新方式提供機會。商家能藉由市場區隔，一站式滿足特定客群的不同需求。

當人口紅利逐漸消失，越來越難仰賴人口增加擴大需求，未來開發產品的模式會與過去大不相同。過去產品稀缺，獲取客流的成本低，很多商家都致力把一個產品賣給更多人。現在則是產品過剩，客流稀缺，引流的費用越來越高。

根據網路統計資料，熱門關鍵字曝光的費用是一千三百元左右，電商的直通車（編注：一種付費推廣工具，能提升商品的搜尋結果排名）引流費用在六百五十元左右，室內裝修業的引流成本最高可達三萬一千元左右。

從上述獲客成本來看，若消費者沒有二次購買，第一次交易基本上是虧本生意。所以，當你獲得一個精準客戶，要把他留住，一站式滿足他的需求，這就是市場專業化的價值和意義。

市場專業化可以分成幾個角度，一般按年齡層分為兒童、青年人、老年人。比方說，針對嬰幼兒在不同情境的需求，可以開發奶粉、副食品、童裝、幼兒生活用品、幼兒早教等產品，一站式滿足這個群體的需求。針對年輕人可以設計不同情境的產品，例如：旅遊產品、運動產品等。

人性洞察法：滿足人性的欲求

人類的一切行為，都是人性呈現出的不同形式，其實萬變不離其宗。人性底層的需求不外乎食、色、欲、懶、奇，這些是一切需求和消費行為的原點，而且是最穩定不變的要素。

人的欲望和需求帶出各式各樣商機，例如人性當中的「懶」，催生出外送商機的爆紅，即使知道外食不健康，但就是不想踏出門，更別提自己做飯。網路上賣得很好的七天懶人襪，一盒有七雙，每天一雙，讓顧客可以一個禮拜不用洗襪子，便是滿足人性當中懶的需求。

政策導向法：順應產業政策的方向

政策導向法是順應國家的產業政策，從中找到爆品機會。產業政策往往是行業的風向儀，做生意、開發爆品一定要順勢而為。比如說，「十四五規畫」（編注：中國當局提出有關經濟和社會發展的第十四個五年規畫）推動了新能源、智慧製造、智慧化、數位化等新興高科技產業的發展。

你可以從中找到很多爆品創新的機會，像是新能源產業催生電動汽車，風力發電行業也有成長。各地方政府都在帶頭探索數位經濟，根據智慧城市的大方向，未來可能會出現智慧燈杆、智慧照明燈、智慧號誌燈等顛覆性的爆品。

市場補缺法：利用有需求的市場空缺

市場補缺法是在小而美的細分領域找空缺機會。當一個領域尚在萌芽階段，由於規模非常小，行業領頭羊往往看不上，因此你能獲得先發優勢和快速成長的機會，慢慢成為細分領域的領先者。

這個方法的成功關鍵，是在產品立案前期做好深度市場調查，研判你發現的市場空缺是否存在真實需求。市場空缺不一定代表有消費需求，舉凡衰退行業或產品面臨淘汰的行業，其市場空缺是因為有很多企業退出。所以，當你發現市場空缺的機會，一定要反覆測試研究，避免掉入有市場空缺，卻沒有市場需求的陷阱裡。

我曾做過一款臺灣肉紙產品，是一種小眾化的休閒肉製品，其視覺差異化非常強烈，很多人嘗試購買，也慢慢獲得年輕人的鍾愛。在休閒肉製品領域，市場規模比較大的是香腸、肉脯、家禽行業，但它們的競爭非常激烈。如果我當初投入這些看起來規模很大的紅海市場，也未必能勝出。

優勢領導法：利用自己的競爭優勢

優勢領導法是根據企業的競爭優勢開發新品、創造需求、引領消費，這個方法更適合行業領頭羊，因為自身具有標杆效應，很容易引導顧客接受新事物。事實上，很多產業發展往往是由領頭羊企業推動創新。

華為在5G通訊領域領先全球，他們的新技術投入、策略方向，都代表5G領域的未來。因此，當華為在5G領域推出新產品，有自身品牌的背書，更容易被市場接受。同樣地，益達（Extra）在口香糖領域算是大品牌，其廣告訴求是「飯後嚼兩粒」。過去人們吃口香糖的習慣是一次一粒，現在變成飯後嚼兩粒，這就是領頭羊的影響力。

如果你的企業在業界處於領導地位，就適合運用優勢領導法開發產品，引導需求。在消費升級時代，產業蛻變會帶給領頭羊企業更多創新機會。

舊產品升級與延伸法：汰舊換新

當一個產品已經不符合市場需求，或不能滿足顧客的多元化需求時，就需要升級或延伸產品線。每個產品和品類都有生命週期，當消費者的認知或習慣發生改變，就要賦予舊產品新的生命。

隨著生活水準提高、知識來源豐富，消費者已經度過溫飽期，不只追求底層的生理需求，還追求更高層次的精神需求，因此低附加價值的產品需求正在減少。八年級生的消費模式改變，購買商品不只是因為需要，更多是因為喜歡，這種顧客心理變化會顛覆傳統的產品思維。過去的產品都拚命延長使用壽命，可以用越久越好，但現在很多產品被消費者丟棄，不是因為壞了不能用，而是因為跟不上流行趨勢。

諾基亞在3G手機時代曾輝煌一時，是全球銷量最大的手機廠商，卻在智慧型手機時代跌落神壇。諾基亞的創辦人總結失敗原因，認為是諾基亞手機的品質太好了，不容易故障、損壞，導致消費者更換新品的速度太慢。自己被自己的優勢所打敗，既可笑又可惜。

舊產品的升級和產品線延伸，其實是兩個方向的策略，接下來分別闡述如何實際應用。

◎舊產品的升級

產品升級往往會從定位、概念、功能、外觀、包裝、服務等方面展開。在啟動升級的時機上，必須考慮以下要素：

- **產品差異點：**產品是否有明顯的差異點？或者，產品過去的差異點是否依然有效？爆品很容易被模仿，模仿的人多了，差異化優勢就會消失，這時需要進行升級。

- **市場趨勢：**當消費者認知和消費行為改變，產品可能無法滿足需求，所以要做升級。例如，過去人們喜歡花花綠綠的衣服，顏色越豔麗越好，現在則追求簡約，越簡單越好。
- **市場銷量：**包括銷量和成長率兩項指標，其中以成長率更為重要。若銷量沒有持續成長，要找出停滯原因，進行產品升級。
- **產品毛利率：**如果產品毛利率持續下降，表示產品面臨老化而需要升級。

產品升級要成功，關鍵是創造出新的差異點、新的使用價值，甚至成為新的品類。要注意，產品升級並不是單純的數量疊加，例如：量販裝、加量不加價、多送贈品，這些數量上的疊加最多只是促銷手段，不但無法提升產品附加價值，反而會造成毛利率下降。

產品升級的本質是創造新的價值，或是增加附加價值。簡單來說，從一張紙到一堆紙的過程，只是數量上的疊加，紙的品類屬性並沒有改變。然而，從一張紙變成紙團，就形成全新的品類屬性，而且保有與紙張的高度關聯性（見圖5-2）。

◎產品線的延伸

當產品無法滿足顧客的多元化需求，就要延伸產品線。消費情境改變時，主流消費群體、消費者認知也會改變，企業要從這些變化研發新的產品線，滿足消費者需求。

產品線的延伸有三種途徑：同一產品線延

圖5-2 舊產品的升級方法

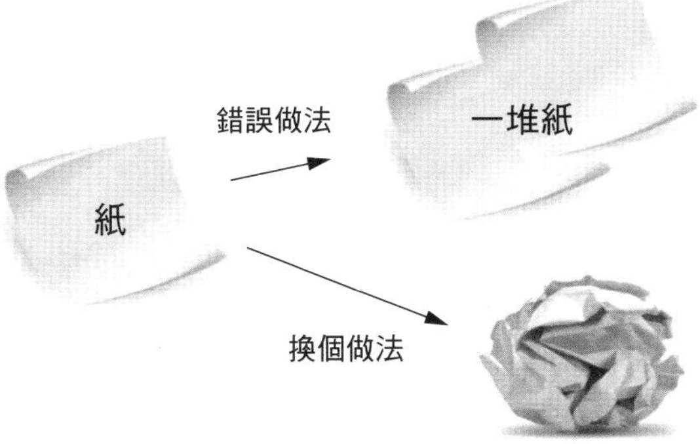

伸、同一品類延伸、跨界延伸。

①同一產品線延伸——

針對同一個目標客群的不同消費情境、不同偏好，來延伸產品線，以滿足該客群的個性化需求。以礦泉水為例，家庭情境需要五公升家庭實惠裝，大眾即飲情境需要五百毫升一般裝，旅遊情境需要三百毫升口袋便利裝。

②同一品類延伸——

透過同一品牌旗下的系列產品，來滿足同一個消費族群的不同需求。這種做法有兩個關鍵：一是同一品類下的產品必須歸屬同一個品牌，二是要照顧同一個消費族群的不同需求。以下從茶飲品牌東方樹葉的案例，來看同一品類的產品線延伸。

東方樹葉的消費者聚集在中上層客群，該公司以茶飲的發展歷史為品牌主軸，延伸出四個系列產品，來代表不同的茶飲文化。

茶葉源自中國，因此用原味綠茶代表中國文化。馬可波羅到中國後，把茶葉帶進歐洲，歐洲人把綠茶改良成烏龍茶，所以用烏龍茶代表歐洲文化。十八世紀，英國文化對世界的影響力很大，而紅茶是英國貴族的飲品，所以用紅茶代表英國文化。現代年輕人更喜歡花茶，因此用花茶代表現代文化。

③跨界延伸——

跨界延伸是突破原有的品類屬性，來延伸產品線。這種做法有兩個關鍵：一是原有的品類能為新品類賦能，二是新品類只跨越細分品類，從大品類的角度來看，仍屬於同一類別。

小米是跨品類延伸的代表案例。小米做手機、手環、音響、洗衣機、電子鍋等各種產品，好像無所不包，但都沒有跨出電子產品類別。了解小米做產品線延伸的本質以後，就能看出它並非不務正業，而是在追求產品的高性價比。

北京故宮博物院的口紅商品相當成功，他們遵守第一個關鍵，就是原產品能為新產品賦能。我將故宮口紅的熱賣歸功於四個要素：

- 高知名度：故宮的知名度高、自帶流量，可以為口紅引流。
- 高附加價值：故宮是皇家尊貴身份的代表，能為口紅帶來高溢價。
- 高關聯度：故宮的主色調是紅色，與口紅具有強關聯性。
- 客群精準度：旅遊群體大多是購買力強的高消費客群、年輕客群。

在互聯網時代，帶給企業致命一擊的未必是同行競爭對手，而是其他行業的跨界者。未來開發產品時，不只要關注同行對手，更要提防看似無關的外來入侵者，他們有可能會掀起跨界革命。

舉例來說，超市收銀台貨架的口香糖銷量下降，難道是競爭對手造成嗎？從業內資料來看，其實對手的生意也在下滑，最後發現罪魁禍首竟然是手機。以前的人排隊結帳時，經常會東張西望，看到收銀台旁邊的貨架，就隨手拿一盒口香糖放進購物籃。現代人逛超市的頻率降低，而且排隊時都在低頭滑手機，並不會注意貨架，導致口香糖銷量下降。

03 點子行得通嗎？依據5個條件，檢視創意是否有效

爆品創新的方法絕對不能生搬硬套，因為創意要經過驗證，才能落地實踐。有些行業存在很多機會，但如果企業本身不具備相關實力，最終也無法善用機會。想判斷爆品創新的機會是否有效，需要從外部因素和內部因素兩方面綜合分析。

條件1：市場足夠大

首先從外部因素分析。找到一個產品機會或概念後，要琢磨市場規模夠不夠大，因為只有市場規模足夠大，企業才可能有獲利空間。

市場規模包括目前的存量規模，和未來的增量規模（意即會擴大增加的市場規模）。存量規模是為了解決當下的生存問題，因為企業不可能長期培養市場，先找到當下的存量規模比較合理。我們可以從業界網站或同行獲取相關訊息，也可以購買協力廠商提供的行業資料。

拿到資料後，要分析目標市場底下確切的消費族群，看看該群體是否夠大，並了解消費屬性是否屬於剛性需求、一年的消費頻率是多少。如果群體很小，產品是可用可不用，沒有剛性需求，那麼最好不要輕易涉足。

有個朋友想開發左撇子餐具，其實我一直都不看好這個品類，因為目標客群看似精確，其實受眾很小，而且左手用的餐具和右手用的餐具，本質上差別不大，並沒有剛性需求。這就是對存量規模的判斷。

條件2：成長足夠快

看一個行業的成長幅度，就能看出行業是否有未來。有兩個指標：一是業界龍頭的年增幅。一般來說，新興行業龍頭的年增幅，會高於行業平均的年增幅，而傳統行業龍頭的年增幅，可能會低於行業平均的年增幅，因為傳統行業的基數比較大。

二是對比國家的GDP增幅。如果行業增幅低於國家GDP增幅，說明行業成長比較乏力。如果行業增幅超過國家GDP增幅的三倍，說明行業成長潛力較大。如果行業增幅超過國家GDP的五倍，可視為爆發式成長。

條件3：對手足夠弱

有前景的行業一定會面臨競爭，此時要分析對手，判斷自己有沒有把握勝出。在分析對手時，往往會看行業前三名具備哪些優勢與劣勢、合計市占率是多少。通用的判斷指標是，一個行業或局部市場的前三名市占率，合計達到七〇%左右，說明行業集中度較高，對手實力較強。在這種競爭格局下，後來者勝出的機率非常低，倒不如不要涉足。如果已經深陷其中，要及時停損。

我有個朋友，在乳製品企業工作大半輩子，認為自己擁有各種通路資源，就夢想著在乳製品行業創造一件黑馬產品。我一直勸退他，因為乳製品的行業集中度非常高，基本上被伊利、蒙牛、光明三大品牌壟斷，再加上區域性在地品牌，所到之處幾乎都是四足鼎立的競爭格局。有些地方品牌，例如：南京衛崗、河南花花牛、北京三元牛奶，背後的老闆很有能力，控股股東大多是地方國企或地方政府。如果在乳製品行業推出新品牌，很容易被對手絞殺。

條件4：自己足夠擅長

對手足夠弱的另一個角度，就是找出自己擅長的地方。強弱是相對的，即使對手在業內公認很強，只要自己在某個點上足夠擅長，仍有機會打敗對手，這就是避實擊虛的策略。

任何企業都有弱點，關鍵是要在對手的弱勢領域展現自己的專長。如同體育競賽中，有些人耐力好，善於長跑；有些人爆發力好，善於短跑。無論如何，總要找一個自己擅長的優勢，把它發揮到極致。

找到優勢的方法有兩方面：一是獨占性資源，即擁有對手不具備的資源；二是獨占性能力，即擁有對手沒有的能力，或者你在某方面做得比對手更好。對手看得見、學不會、用不上的核心能力，就是你競爭致勝的著力點。

條件5：商業價值論證

以上四點是創意有效的外部因素，接下來要分析內部因素。內部因素更側重於斟酌商業化的可行性，考量商業價值能否實現。

判斷商業價值要兼顧兩方面的利益分配：一是企業的獲利，二是利益相關者的獲利。一個產品能不能快速引爆，企業的獲利能力至關重要，如果無法獲利，打造爆品的意願和效率就會下降。如果產業價值鏈上的利益相關者無法獲利，就沒有培育爆品的動力，只靠企業自身力量必定勢單力薄，再好的產品也很難成為爆品。

除了獲利之外，企業還要考慮兩件事：內部的技術轉化可行性、資源相容性。

◎技術轉化可行性

我常遇到一種現象：市場部門和銷售部門都看好一項產品，無論從消費者需求或行業發展的角度來看，都很有前景。行銷部門立案後，與研發部門進行溝通，不料研發部門認為，基於企業現有的技術條件、生產設備，產品將難以實現。後來，雖然嘗試各種方法，產品果然達不到理想狀態，不是品質穩定性差，就是製造成本太高，最後只能放棄。

因此，我提醒產品負責人，在新品立案前就要考慮技術可行性，包括技術難度、原料易得性、製造成本、生產週期等各種影響因素，以免半途而廢、勞民傷財。

◎企業資源相容性

開發全新爆品時，一定要考慮現有的資源條件。最好能利用現有資源，不但可以提升開發效率，也有利於現有資源的使用率。資源的相容包括製造設備通用性、品牌共用性、通路相容性等方面。若不能利用現有資源，就要評估投入新資源的回報率和潛在風險。

如果開發新品需要購置新設備、組建新團隊、開發新通路等，就需要考慮成本、專案回報率及回報週期，再做綜合評估。有些企業為了一項產品，訂製新的生產設備，但最後產品沒有取得突破性銷量，訂製的設備直接成為廢品。由此看來，企業資源的相容性非常重要。

我曾幫一家農用物資公司做諮詢，公司董事長認為，未來的農業趨勢一定會走向種子、農藥、肥料一體化服務的模式，就是把種子、農藥、肥料做成商品組合，一起賣給農戶。再加上公司高層認為，經過數十年市場運作，公司的通路和團隊都很完善，所以提出複合肥的新品專案。

他們覺得，公司的種子和農藥業務已經成熟，而且肥料的業務模式最簡單，只要開發一個肥料產品，就能完成種、藥、肥一體化模式，再借助農藥和種子的通路，一定很容易成功。後來事實證明，這個想法過於理想化，因為三個品類的業務模式各不相同。

首先，農民在買種子時非常謹慎，因為生長週期長、風險大，推一個種子新品通常要花兩年，經過一至三個完整週期的試種，代理商和農民才會心裡有底。其次，農藥的技術要求很高，尤其是除草劑，一旦判斷錯誤就會毀掉莊稼，因此農民會找專業人士協助用藥。最後，肥料是標準化產品，即使氮、磷、鉀的含量低一點，也不太會影響收成，所以按照消費品模式做行銷，打價格戰、賒銷戰，拚的是代理商的資金實力。

由於三個品類的業務模式都不同，即使開發一款複合肥投入市場，農藥代理商可能也看不上這麼一點利潤，而且複合肥要靠賒銷做生意，但農藥的客單價低，很少需要賒銷。再者，原來的種子業務、農藥業務是由各自獨立的團隊運作，多年來已經形成固定工作模式，現在既要懂農藥，又要懂種子和肥料，對團隊的專業能力考驗非常大。

由於該企業在前期沒有考慮現實資源、技術條件的相容性，最終做出來的複合肥產品，很難靠農藥的通路快速提升銷量。

04 小心別掉進陷阱！除了偽需求、華而不實，還有7個

不管是在企業內部管理產品專案，或是在外部輔導企業開發產品，我發現很多人犯過的錯都大同小異。我將這些失敗教訓整理為爆品創新的九大陷阱，希望讓你在打造爆品的路上，先學會不犯錯，再慢慢走向成功。

陷阱1：市場存在偽需求

我提供諮詢時，經常告訴產品經理，不要靠憑空想像的需求來發想創意。過去有一家知名企業開發一款無酒精啤酒，以為會成為爆品，後來卻淪為笑話。該企業當時

定位的消費族群，是有喝酒的欲望，想享受喝酒的快感，卻又不能喝酒的人，例如想喝酒又需要開車的情況。

產品負責人認為這是不錯的想法，上市後投放很多廣告，文案訴求：「還在喝酒，你Out了！」沒想到，無酒精啤酒的銷量不如預期，半年後就開始特價處理庫存，逐漸在市場上消失無蹤。

據我分析，該企業找到的是偽需求，不是真實存在的市場。因為飲酒者最重視的不是酒的口味，而是酒後飄飄欲仙的感覺。由於這款飲料不含酒精，體驗感與普通飲料一樣，喜歡喝酒的人不會選擇它。至於不喜歡喝酒的人，因為它的啤酒味很重，所以也不會買單。年銷售額幾百億的大企業都會犯這種錯誤，一般企業更難逃陷阱。

另外，雨衣式雨傘將雨傘和雨衣連成一體，訴求讓頭、腳都不會淋濕，聽起來完美至極。最後卻發現，它既沒有撐雨傘方便，還因為雙手裹了一層雨衣更加礙事，這種奇葩產品的結局一定是速生速死。

陷阱2：過分關注華而不實的東西

很多產品經理、創意企畫人員喜歡追求華而不實的東西，那些看起來很炫、很酷的功能，其實沒有實際價值，最後都成為畫蛇添足。我經常強調，不要在非關鍵功能上用力過猛，只要把核心功能做到極致。過分追求不切實際的酷和炫，不但造成資源浪費，產品也容易失敗。

我曾有個做設計的朋友，想做一款有生命的牛肉。他的創意理念是在牛肉包裝袋下面，做一個放有植物種子的木桶，顧客吃完牛肉後，在包裝袋裡倒一些水，過幾天就會長出有生命的花花草草。

我幫他分析：第一，顧客買的是牛肉，應該先把牛肉的品質做到極致，其他根本不是顧客關注的重點。第二，包裝上會有問題，以我多年的經驗判斷，現有的包裝設備很難結合木桶和ＰＥＴ包裝袋，即使勉強結合兩種材料，成本也會很高。第三，每個木桶都要放草種子，木桶的成本很可能會超過牛肉。總之，從顧客的角度而言，我不認為這是好的產品創意，最後果然被我說中了。

追求創意沒有錯，但不能脫離實際價值，否則你得付出代價。曾有位軟體大師反思過去的產品教訓，提出一個類似觀點：「不要過分追求看起來很好，但沒有實際價值的東西。」他曾提議開發富有立體感的３Ｄ瀏覽器，卻忽略使用者需求的本質。一般人在用瀏覽器時，最在乎的不是立體感，而是打開網頁的速度更快、使用更方便。他意識到這個問題後，就果斷暫停３Ｄ瀏覽器的開發，直到今日，３Ｄ瀏覽器的應用也沒有取得重大突破。

陷阱3：主觀界定產品

根據個人偏好、經驗或認知去開發產品，也是產品經理經常犯的錯誤。產品創意的原點必須是顧客需求，且要符合顧客認知，不能光靠開發者在辦公室裡閉門造車。此外，任何產品在立案開發前，都要經過驗證，不僅是理念上要說得通，行動上也要做得到。

我曾接手一個松阪肉的新品專案。這個產品已經立案很久，箭在弦上不得不發。研發部門給我看了樣品，一包共有七十九片肉，其中的六十八片大小不一。我當時判斷，這個產品做定量包裝會有很大的風險。

松阪肉就是豬頸肉，又名「黃金六兩」，雖然品質好，但大多數消費者對松阪肉的價值認知很模糊，甚至有負面認知。我們到超市做測試，果然很多人都不認識松阪肉，後來有顧客問銷售員，當他們得知松阪肉就是豬頸肉時，馬上就放下產品匆匆離開，因為網路謠傳豬脖子的淋巴結比較多，容易堆積毒素。

還有一家棉被業者，發現現代社會的生活條件越來越好，家庭幸福指數卻節節下降，而且夫妻分居比例上升。為了解決這個問題，他們開發一款夫妻棉被，想藉此增進夫妻關係。

女人一般比較怕冷，於是把女方那邊做厚一點；男人體溫高，就做薄一點。概念看似溫馨，男人、女人都照顧到，但現實中顧客在買被子時，最重視的是面料是否舒服、填充物是否環保等，該公司的創意完全是一廂情願，根本沒有人關注。

不主觀界定產品，是因為每個人都會高估自己的認知。心理學家曾做過一個實驗，找十個人一起完成一件事，讓他們從一到十評價自己的貢獻值。滿分應該是一百分，但最後十個人的自評分數加總起來，竟遠遠超過一百五十分。也就是說，大家都覺得自己貢獻很多，於是嚴重高估自己的努力成果。

以前我在企業負責產品線管理，發現一個有趣的現象。開發新產品是市場部的職責，把產品賣出去是銷售部的責任。在新品上市前，市場部預估的銷量往往與銷售部相差很多。對負責開發的市場部來說，產品相當於自己的孩子，於是會高估新產品的潛力。對上市後負責「養孩子」的銷售部來說，他們會對新產品百般挑剔，所以預估的銷量比較保守。

陷阱4：盲目追求差異化

開發產品時經常採取差異化策略，但有些企業只是為了差異化而差異化，沒有追求與眾不同的顧客價值。顧客價值是產品帶給顧客的價值，也就是利益點，這比差異點更容易打動顧客。消費者只在意產品對自己有什麼好處，而非產品有什麼特性。企業要販賣的也是顧客價值，而非產品特性。

對顧客來說，價值是基本前提。產品特性無法讓買家產生共鳴，最多只能吸引關注，很難轉化成實際銷售，尤其是持續性的銷售成果。這種錯誤在消費品領域很常見，許多產品經理喜歡走個性化路線，追求特殊性。

一個產品能不能持續爆紅，取決於產品帶來的價值，差異化只是接觸產品的入口。不了解產品的人，可能會因為差異化而嘗試購買，至於會不會二次回購，還是要看產品本身的價值能否禁得起考驗。可悲的是，很多人做出來的差異點，讓顧客連嘗試購買的意願都沒有。

我曾有一個同事開發巧克力肉脯，就是把一片巧克力貼在肉脯上。他沒有考慮到，兩者不屬於同一個品類（巧克力是糖果，肉脯是肉），消費者很難做聯想。視覺上，肉脯上面黏著一塊黑黑的巧克力，沒有任何美感。味覺上，巧克力和肉的複合口感很奇怪。無論在視覺上或味覺上，這種差異化都很難讓顧客產生強烈的購買欲望，最後一定會陷入銷售死局。

前幾天逛超市時，我發現一家企業在做「辣茶」的新品推廣活動。我問推廣人員：「說到辣茶你會想到什麼？」旁邊有個圍觀的顧客說：「感覺像喝辣椒水。」顧客的這一句話讓我看到這項產品的終局。

陷阱5：有市場空白不代表有商機

有些企業家在走訪市場時，發覺某個領域沒有人提供相關產品，就以為自己找到大商機。其實，有些市場空白可能也是市場黑洞，裡面原本就不存在需求。

我建議，發現一個市場空白時，一定要反覆查驗分析。為什麼不存在同類產品？對手真的沒有發現這個市場空白嗎？有沒有可能是對手看得更深入，發現它根本不是市場機會，市場也不存在這種需求？

市場空白一定有它存在的道理，你要找出背後原因，才能看透市場空白的本質，避開陷阱。

陷阱6：在不擅長的領域做產品

企業都有自己的競爭優勢，同時也存在能力邊界。對於不了解的市場，你根本不清楚眉角在哪裡。網路上曾經流行一句話：「不要拿自己的業餘愛好，去挑戰別人的看家本領。」無論任何行業，你用業餘練就的技能與專業人士搶飯碗，很可能會以失敗收場。

韓國三星企業曾因為進入汽車領域，造成公司極大的虧損。二十世紀末，三星已經是顯示器領域的龍頭企業，老闆李健熙個人非常喜歡汽車，認為三星能做好顯示器，就一定能做好汽車，於是力排眾議投資汽車製造。據說，三星的汽車虧掉將近十億美元，最後不得不壯士斷腕。李健熙也坦承：「過去我曾犯過最大的錯誤，就是做汽車。」

有些企業家求大不求強，或是盲目追求多元化，最後把自己的主要業務也拖進泥潭裡。舉例來說，中糧集團是一家政府投資管理的企業，論財力、人力、行業地位，各方面都比民營企業更有競爭力，但是中糧集團涉足的產業，包括控股參股的食品飲料企業，例如：蒙牛、中茶、悅活、香雪、福臨門、山萃、萬威客、長城、香穀坊、買酒網、金帝等，有幾個品牌能進入行業前三名？

又例如，很多醫藥企業遇到瓶頸，就轉型做食品，但沒有幾個成功的例子。傳統的房地產、礦產企業經過近年的高速發展，也進入瓶頸期，它們在尋求轉型的過程中，其實很迷茫。

許多行業看起來很簡單，親身涉足才會發現水很深；表面上風平浪靜，其實底下激流湧動。想在任何一個領域取得成功，都需要多年累積。總而言之，一定要記得古訓：「隔行如隔山」，做爆品也是如此。

陷阱7：把時尚當趨勢

很多產品經理喜歡追隨時尚，當下流行什麼就做什麼。我不反對時尚元素，只是提醒大家，趨勢比時尚更重要。時尚的東西往往不長久，只有抓住趨勢，產品才能長壽。拿服裝業來說，商務男裝每年的變化都不大，但是利潤很穩定。

我研究過很多行業，發現只要是以時尚元素為賣點，產品大多速生速死，很難持續走紅。因此我建議，做產品一定要看對趨勢，如果在趨勢之上加入時尚元素，就能利用時尚元素達成引爆產品的效果。

陷阱8：把顧客欲望當需求

做市場調查時經常發現，當你尋問消費者：「是否願意購買產品？」消費者會滿口答應，並表現出強烈的購買欲望，但是當你真的要他結帳，他開始猶豫不決，最後放棄購買。所以你要心知肚明：顧客想要，不等於真的會買。

消費者心中的欲望，與現實中的需求並不相同。從消費心理學來看，欲望是一個多元化的無底洞，而需求則比較現實，往往是在誘因之下產生，比方說，下雨了才會買雨傘，肚子餓了才會想吃飯。

此外，顧客想要滿足需求，需要一定的條件，也就是付出財務成本、時間成本。每個人都想開豪車、住別墅，但不是每個人都有條件實現。也就是說，需求會受購買力制約，「需求＝欲望＋購買力」。

在真實世界裡，消費者購買的是真正需要的東西，而非想要的東西。消費者大部分的欲望只是想想而已，要符合購買能力，才會產生真正的購買行為。所以，做市場調查時，一定要分辨欲望和發自內心的需求，不要被誤導。

陷阱9：最大風險隱藏在看不到的地方

常言道：「明槍易躲，暗箭難防。」對於看得見的風險，大家都會提高警覺，做好預防措施，最怕的是看不見的風險。

有些潛在風險會致命，可能帶給公司巨大損失，例如產品品質不穩定。我曾在一家牛奶企業研發新產品，不幸因為技術不穩定，導致產品結塊，引發全國性大退貨。產品回收、物流運輸、產品報廢等一系列處理，不僅勞民傷財，而且對品牌信譽造成極大的影響。

做爆品最低成本的成功方法，是保證自己不犯錯，坐等對手犯錯。哪怕少犯一次錯誤，都會比對手往成功更靠近一步。

05 為了提升爆品成功率，你要確認這些環節是否達成

前文討論產品創新的成功條件與失敗陷阱，在本節中，我分享幾個提升勝率的方法，為爆品開發再加一道保險。

市場調查充分，精準了解需求

需求是產品開發的起點，如果從起點就錯了，接下來所有的努力都是白費。挖掘顧客需求是成功的第一步，前期一定要做好充分市場調查，反覆論證顧客痛點、產品概念、產品功能等核心要素，並對產品的關鍵細節反覆測試，直到符合顧客需求。

找到關鍵環節的創新機會

做產品創新時，要把目光放在需求高且穩定的關鍵變數上，挖掘可以突破的創新機會，至於非關鍵點就大膽借鑑他人。產品創新不可能面面俱到，只要把一個核心點做到極致，做到無人可及，就能形成品牌壁壘。用單點突破帶動整體產品，是一種成功率非常高的方法。

在入口功能就給顧客超讚的體驗

入口功能往往是擄獲使用者芳心的第一步，如果入口功能做得不好，等於是把使用者拒在門外。要找到觸發使用者興奮情緒的關鍵，根據這個觸發點設計入口功能。舉例來說，蘋果手機的單一按鍵，以及汽車的指紋解鎖、一鍵啟動，都能帶給使用者超痛快的體驗。如果一款高級轎車還要用鑰匙開門、啟動，使用者就找不到超痛快的使用感了。

用破壞性試驗發現品質問題

產品團隊必須具備洞察產品致命缺陷的能力。在新品上市前，要盡可能找出產品缺陷以降低風險，也就是把問題扼殺於襁褓之中，而不是帶到市場上。

為了有效發現品質問題，產品正式上市前，必須進行破壞性試驗。有一種「迅速失敗測試法」，做法是模擬產品的真實應用情境，在可能存在的所有惡劣情況下，針對易損點、最常使用功能，測試產品能夠承受的最大壓力，目的是讓品質問題提前暴露出來。

我曾輔導一個商務行李箱專案，過去經常有顧客投訴行李箱的輪子不堅固，有時候會脫落，若遇到行李裝卸人員用力過猛，還會導致表面破損。我建議這家企業，在出廠前先進行破壞性試驗，每一批都要抽檢，讓測試人員拉著行李箱，模擬機場、高鐵等各種差旅場景，看看輪子會不會脫落。而且，模擬機場工作人員搬運行李箱的作業，從二樓往下丟，看看會不會破裂。

透過破壞性試驗，若發現輪子有脫落或表面破損，說明品質不及格，需要改進。經過幾個月的測試與優化，他們終於達成行李箱的品質提升。

用定點試賣控制潛在風險

定點試賣是新品的最後一道保險，可以把看不見的風險鎖定在可控範圍內。透過定點試賣，讓產品的潛在風險在試賣區域充分暴露出來，萬一發生問題時，最多只會影響一個區域市場，引發問題的範圍較窄，處理起來效率較高。

當我負責新品時，定點試賣是必做的環節，而且會結合試賣調查，在跑完一個完整的銷售週期後，證實產品沒有問題，再推向全國市場，如此就能大大降低產品出錯的潛在風險。

在現實與理想中取得平衡

產品經理不能過於保守，也不能丟失好奇心，要以開放的心態接受新事物，並且要注意：天馬行空後，冷靜地思考和驗證創意的可行性。

理想與現實有一段距離，在過往的諮詢案例中，我發現許多產品會失敗，都是因為產品經理活在理想世界中，妄想靠著一個偉大的創意改變世界，忘記自己的使命是幫助顧客解決問題，最後在實際做產品時，才發現很多想法不貼近現實，缺乏嚴謹的驗證，導致半途而廢。

用管理機制提升開發團隊效率

擁有獨立組織和透明化管理機制，可以提升團隊的自主程度和決策效率。目前比較盛行產品經理責任制和專案化管理，產品經理責任制能提高責任心和能動性，專案化管理能提高新品開發效率，避免產品經理面對高層主管時，不好意思提出要求或催促決策，導致專案進度延宕。

我過去的做法是，把所有專案成員的權責都寫進專案章程，並設定明確的時間節點。高層主管負責的事情，像是重要節點的決策，若沒有按時執行，我至多提醒他一次，若延宕超過三天，我就有權代替他做決策，而且主管必須承擔這個決策的結果。如此一來，時間節點到了，高層主管就會主動找我，而不是我天天跟在他後面催促。這就是靠著管理機制，驅使每個人做好分內的事情，大幅提升專案效率。

集思廣益，收集不同觀點的意見

在互聯網時代，資訊碎片化，各種觀點漫天而飛，誰是誰非很難下定論。解決這個問題的最佳方式，是廣泛徵求意見，聆聽不同的聲音，讓公司員工、上下游合作夥伴、粉絲和消費者都發表看法。在收集意見時，盡可能以開放的心態集思廣益，哪怕是反對的聲音也要接納。

很多產品經理在開發新品時，會光憑想像構思，然後到處收集支持自己的意見，不自覺地屏蔽反對意見。尤其在向主管彙報產品方案時，往往報喜不報憂，想像全國市場的風光無限，最後產品上市時，卻只是曇花一現。

- ▼除了從生活事件汲取靈感，還可以多觀察社會議題、新知與新技術，以及產業、人口結構、消費觀念的變遷，從中發現產品創新的機會。
- ▼具體的創新方法包括：細分既有的品類、合併兩種既有的產品、改良對手的產品、滿足有需求的市場空缺等。
- ▼新創意能成功，要市場夠大、行業成長夠快、對手夠弱、自己夠強，還要考慮技術轉化與資源相容，才能確保這個創意有商業價值。
- ▼不要太過追求看似吸睛，但沒有實際價值的功能。也不要盲目追求差異化特色，顧客最在意產品帶來的好處，而非產品有多麼獨出心裁。
- ▼新品上市前，可以先做破壞性試驗，提前暴露品質問題，並透過定點試賣控制風險，這兩者是提高新品成功率的壓箱寶。

附錄一　爆品開發立案表

<table>
<tr><td>申請部門</td><td></td><td>產品名稱</td><td></td></tr>
<tr><td>產品規格</td><td></td><td>包裝形式</td><td></td></tr>
<tr><td rowspan="5">市場調查分析結論</td><td colspan="3">行業調查分析結論：</td></tr>
<tr><td colspan="3">消費者需求調查結論：</td></tr>
<tr><td colspan="3">競品調查結論：</td></tr>
<tr><td colspan="3">企業自身分析結論：</td></tr>
<tr><td colspan="3">市場調查綜合結論：</td></tr>
<tr><td>市場定位</td><td colspan="3"></td></tr>
<tr><td>品類定位</td><td colspan="3"></td></tr>
<tr><td>產品定位</td><td colspan="3"></td></tr>
<tr><td>通路定位</td><td colspan="3"></td></tr>
<tr><td rowspan="2">價格定位</td><td colspan="3">定價體系：</td></tr>
<tr><td colspan="3">產品利潤率和通路利潤率測算：</td></tr>
<tr><td>產品價值與賣點定位</td><td colspan="3"></td></tr>
<tr><td>產品創新點</td><td colspan="3"></td></tr>
<tr><td>產品屬性標準</td><td colspan="3">包括產品形態、規格、材料、國家標準等</td></tr>
<tr><td>預計上市時間</td><td colspan="3"></td></tr>
<tr><td>新品銷售預估</td><td colspan="3"></td></tr>
<tr><td>審核／審批意見</td><td colspan="3"></td></tr>
</table>

二、產品開發目的

實施目的：

三、里程碑事項進度控制表

關鍵事項進度表：

四、市場環境分析（SWOT 分析）

1	行業分析	
2	競品分析	
3	自身分析	
4	消費者分析	
5	分析結論	

五、產品策略制定

1	新品開發策略	
2	新品創意思路	
3	品類定位	
4	市場定位	
5	品牌定位	
6	產品定位	
7	利益點定位	
8	賣點創新	
9	定價策略	
10	通路策略	
11	推廣策略	

附錄二　爆品開發管理專案報告

一、專案名稱與專案組織				
1	專案名稱			
2	製作者		製作日期	
3	專案經理			
4	專案 主要成員	專案企畫組	組長：	組員：
		市場調查組	組長：	組員：
		包裝設計組	組長：	組員：
		技術研發組	組長：	
		生產組	組長：	
		物流運管組	組長：	
		品質控制組	組長：	
		成本核算組	組長：	組員：
		採購組	組長：	
		新品銷售組	組長：	組員：
5	成員 工作職責	專案經理		
		企畫組長		
		調查組長		
		設計組長		
		研發組長		
		生產組長		
		物流組長		
		品控組長		
		成本組長		
		採購組長		
		銷售組長		
6	追蹤考核者			
7	實施地點			
8	實施單位			
9	簽發者			

九、新品開發上市關鍵里程碑

序號	階段名稱	關鍵工作事項	執行標準與交付成果	完成日期	責任者	批准者
1	準備階段	市場調查分析				
		產品策略制定				
		產品基本資訊和技術參數提供				
		設備採購				
		產品樣本試製				
		上市前綜合評審				
		產品上市策略制定				
2	產品優化	銷售跟進與優化				

十、專案開發主要風險預估與保障措施

十一、專案合約與資金的審批權限及流程

1	專案合約／費用審批權限與流程	
2	專案考核、審批權限與流程	

十二、立案報告會簽單

專案經理申請	
專案組成員會簽	總裁辦： 行銷部： 研發部： 生產部： 採購部： 其他協同部門：
主管審批／簽發	

(續上表)

六、產品基本屬性標準		
1	產品名稱	
2	產品形態標準	
3	產品規格	
4	內外包裝形式	
5	儲藏與運輸條件	
七、產品基本技術標準		
1	產品標準依據	
2	產品行業標準	
3	設備／設施籌備	
4	原物料需求	
5	技術與工藝流程	
八、新品開發費用預算		
1	市場調查費	
2	新設備採購費	
3	檢測費	
4	人員獎勵費	
5	其他費用	
6	預算費用合計	
7	投入產出比	
8	預算說明	

國家圖書館出版品預行編目（CIP）資料

從市場底層突圍的爆品印鈔機：洞察顧客意圖，讓產品具有爆品基因，產生尖叫效應，從此銷售變簡單／尹杰著
--初版 --新北市：大樂文化有限公司，2023.05
224面；14.8×21公分. --（Smart；117）

ISBN：978-626-7148-51-8（平裝）
1.行銷管理　2.行銷學
496.5　112004534

Smart 117

從市場底層突圍的爆品印鈔機

洞察顧客意圖，讓產品具有爆品基因，產生尖叫效應，從此銷售變簡單

作　　者／尹　杰
封面設計／蕭壽佳
內頁排版／蔡育涵
責任編輯／林雅庭
主　　編／皮海屏
發行主任／鄭羽希
財務經理／陳碧蘭
發行經理／高世權
總編輯、總經理／蔡連壽

出 版 者／大樂文化有限公司（優渥誌）
地址：新北市板橋區文化路一段 268 號 18 樓之1
電話：（02）2258-3656
傳真：（02）2258-3660
詢問購書相關資訊請洽：（02）2258-3656
郵政劃撥帳號／50211045　戶名／大樂文化有限公司

香港發行／豐達出版發行有限公司
地址：香港柴灣永泰道 70 號柴灣工業城 2 期 1805 室
電話：852-2172 6513　傳真：852-2172 4355

法律顧問／第一國際法律事務所余淑杏律師
印　　刷／韋懋實業有限公司

出版日期／2023 年 5 月 19 日
定　　價／280 元（缺頁或損毀的書，請寄回更換）
I S B N　978-626-7148-51-8

大樂文化

大樂文化